ELISBAN CRUZ LOAIZA

PRINCIPIO DE DETERMINACIÓN ABSOLUTA

PRINCIPIO DE DETERMINACIÓN ABSOLUTA

Honra a tu padre y a tu madre...para que te vaya bien y seas de larga vida sobre la tierra

Efesio 6: 2-3

Este libro está dedicado a mis padres Juan y Juana.

Dios los bendiga.

AGRADECIMINETOS

> *Acuérdate de tu creador en los días de tu juventud, antes que vengan los días malos...*
>
> Eclesiastés 12: 1

Antes de a cuantos, de los que debo el reconocimiento; doy gracias a Dios, el autor y consumador de la vida, quién determinó el destino de su creación, del cual no escapa el destino del ser humano; quiero decir que; ante Dios, todo está determinado, nada de lo que existe está puesto al azar o por casualidad. La vida que Dios me dio, está en lo absoluto determinado, lo único que yo realizo es, recorrer el camino que me fue trazado desde la fundación del mundo, y esto, de acurdo a mis propias decisiones, puesto que me fue dada, el libre albedrío. Le doy gracias por crearme ser viviente en esta tierra y más aún, por la vida venidera después de la muerte física de mi cuerpo.

Nada de lo que en nuestro universo existe se puede comparar con la vida que me espera en la patria celestial, no solamente a mí, sino a todos los que guardan la palabra de Dios y aguardan su venida. En efecto, conocí a mi Dios a través de mis padres; quienes desde mi infancia, encauzaron mi vida en los preceptos de Dios, con toda paciencia y doctrina, con rectitud y justicia; entonces debo un especial agradecimiento a mis padres por forjar mi vida por el camino de rectitud que conduce a la vida eterna. Pues ¿De qué le aprovechará al hombre si granjeare el mundo y perdiere su alma? Mejor es la sabiduría que los tesoros preciados. Sabias palabras del rey Salomón y eficaces para la vida del hombre; del hombre que tiene el conocimiento pleno de Dios. Por ello doy gracias a mis padres que me guían, exhortan, a tiempo y fuera de tiempo para no apartarme del camino que me conduce a la salvación.

Un especial reconocimiento a mi madre por su cariño, y su valor incondicional de protegernos, cuidarnos y hacernos sentir seguros de la vida ¡Cómo no admitir que nos tiene predilectos de su vida! Mi Dios guarde su vida y le añada años su estar en esta tierra, para alegrarnos aún.

Agradezco a mis hermanos, Andy y su esposa Delia, Josmely y Maite por el aprecio motivador para hacer realidad este proyecto. Dios los bendiga y colme de felicidad sus vidas.

Un especial reconocimiento a mi hermano Amador, por infundir en mí la energía emprendedora y hacer realidad el comienzo de este proyecto de darle sentido físico a la obra de Dios y brindarme el apoyo económico para hacer realidad este sueño anhelado. Dios cuide de ti hermano hasta el último día de tu vida, entonces veremos al Señor cara a cara por siempre ¡vamos adelante tras la corona de la vida eterna, firmes sin fluctuar!

No puedo desentenderme de mis tíos Flavio y Tomasa, por acogerme en el seno de su familia, en esta ciudad, Dios añada bendición a sus vidas y prolongue su estar en esta tierra.

Agradezco a mis hermanos correligionarios, quienes coadyuvaron con sugerencias correctivas, a fin de que este proyecto resulte para la gloria de Dios y para salvación de muchas almas; Dios añada a su grey los que han de ser redimidos y contados ya desde la fundación del mundo.

Elisban Cruz Loaiza.

Abril de 2012.

INTRODUCCIÓN

> *Acuérdate de tu creador en los días de tu juventud, antes que vengan los días malos, y lleguen los años de los cuales digas: No tengo en ellos contentamiento.*
>
> *Eclesiastés 12: 1*

Como primer motivo para escribir este texto, es: El principio de indeterminación de la mecánica cuántica; que declara, que no es posible medir juntamente y con gran precisión tanto la posición como la velocidad de una partícula; cuanto más exactamente mide uno la posición, menos exactamente la puede medir la velocidad y viceversa. (Hawking, Agujeros Negros, 2002) Esto en mí suscitó una fuerte descarga del poder de la palabra del Dios quien hizo **todo determinado,** por la palabra de su poder, la cual me llevó a auscultar la Biblia que es la fuente que almacena toda verdad del suceso de formación y dinámica del universo, y del cómo ha ido evolucionando a través de la única historia determinada no cuántica, contraria a la propuesta por Feynman, y cómo será el recorrer por el resto del Tiempo que le queda para su existencia (Siempre que en la determinación, esté determinado predecir)

La preocupación de grandes hombres de ciencia en el intento de conocer como fue y como es y será el medio en el que se desarrolla el hombre, los ha llevado a *crear* y desarrollar leyes físicas, que explicaran el mecanismo dinámico del universo; ya desde siglos pasados han ido cada vez perfeccionando estas leyes quizá acercándose y circundando más y más en torno a la ley establecida por Dios, y esto ayudados por la experimentación; de hecho sin poder llegar a ella en virtud al principio de indeterminación que es un iceberg frente al Titánic, o de la forma como la función matemática $f(x) = \dfrac{1}{x}$ se hace indeterminado, cuando la variable x toma como valor al cero o al infinito. Lo mismo sucede con las leyes físicas creadas hasta hoy; crean indeterminismos, las que no existen en la naturaleza, y esto por no tener forma alguna de hacer mediciones sin perturbar aquello que se quiere medir, y esto sucede porque se ignora voluntariamente a Dios, el creador de todo el universo (II Pedro 3: 5) Así nos sea *imposible medir simultáneamente y con precisión*, no es razón suficiente para considerar como principio físico que rige la naturaleza. Como conocedor del Dios vivo que está al cuidado de su creación, creo que es necesario y urgente buscar la guía de quien hizo este universo, tal que podamos estar seguros de las o de la ley que rige el universo en su completitud, desde lo aparente trivial hasta lo aparente complicado de la naturaleza. Esta ley o leyes, tienen que ser absolutas, el /las cual/es, rige/n las exigencias de la dinámica del universo, exento de probabilidades, porque lo perfecto, no contiene imperfecciones y la dinámica del universo no está con aproximaciones, todo lo contrario, está *absolutamente determinado* en perfecto funcionamiento, desde que fue creado, hasta el último instante de su existencia.

El universo es dinámico, el contenido y el continente, están perfectamente sincronizados en todas las formas de movimiento que realizan. Pero ¿será debido a las fuerzas que generan la presencia de las masas en el universo? Si así es ¿cómo es que generan estas fuerzas? O ¿qué sucede en la estructura interna de la materia para ser fuente de fuerzas?

El segundo motivo, es la consistencia entre la expresión literal de la Biblia y la expresión matemática; de la forma como la ciencia da una interpretación literal a las ecuaciones matemáticas, se propone iniciar y desarrollar una expresión matemática a partir de la expresión literal de la Biblia, con el propósito de interpretar y entender la creación del universo. Creo que si se descubre esta ecuación determinista y absoluta, se estaría en la capacidad de comprender los susurros que oímos de los caminos de Dios; sin embargo esto se logrará, sí y solamente sí; si se ha de sumergir en el principio de perfecto, que consta del temor de Dios y el reconocimiento de la Omnipotencia del creador del universo. Desde luego ya se tiene serias dificultades, pero con la esperanza en el autor de esta obra maestra, se puede decir como el apóstol Pablo: Todo lo puedo en Cristo que nos fortalece. Y opuestamente a ello; separados de Dios, nada se podrá hacer. La exigencia necesaria, es tener la convicción absoluta de la existencia de un Creador cuyo nombre es Jehová en el antiguo testamento y en nuestros días es el salvador Jesús, el Dios de Israel del antiguo pacto, quien con el poder de su palabra creó todo y a partir de esta premisa iremos desarrollando la creación con la esperanza de alcanzar resultados contundentes, no en este texto, más bien en adelante, partiendo de esta premisa. El Creador del universo, permita auscultar su obra perfecta y conceda arribar a buen puerto.

CAPÍTULO 1

EL PRINCIPIO DEL PENSAMIENTO

> *El principio de la sabiduría es el temor de Jehová y el conocimiento del santísimo es la inteligencia.*
>
> Proverbios 9: 10

El hombre ser racional desde el primer momento de su estar en la tierra; creado a imagen y semejanza de Dios (Génesis 1: 27) Adán el primer hombre sobre la tierra, proveniente directamente de la creación sin espacios de evolución, era perfecto (Eclesiastés 7: 29) y con el *absoluto* conocimiento de Dios, pues tenía comunión directa con Dios, recibía mandamientos de Dios cara a cara como quien habla con su prójimo, mandamientos audibles sobre las acciones que debía realizar, estos mandamientos constituían, leyes determinados para cumplirlas estrictamente, y era advertido que el no cumplir estos mandamientos, la consecuencia inmediata, era la muerte irremisible (Génesis 2 y 3) Esto no significa respecto de sí (Dios) mismo que Él puso para el hombre dos historias cuánticas, las cuales estarían sujetas a la probabilidad de obedecer o desobedecer sus mandamientos para según ello tomar decisiones sobre el destino del universo, por más que la causa única y final de la existencia del universo haya sido el hombre (Colosenses 1: 15) Aún antes de la creación, todo suceso en el universo, ya estaba determinado; si bien esta afirmación de que el hombre es la causa del universo; tenga similitud con la del principio antrópico que Hawking hace referencia de ella en su libro Historia del tiempo de la forma: vemos el universo en la forma que es porque nosotros existimos. (Hawking, HISTORIA DEL), desde el principio determinista que aquí se propone, teniendo como premisa la creación; el universo fue diseñado por Dios en función del hombre, no lo creó en vano, para que fuese habitada lo creó (Isaías 45: 18) No así que el hombre haya impuesto al universo generar condiciones adecuadas para el desarrollo y supervivencia suya, tampoco es que alguna forma de vida se habituó a ella o la acondicionó según sus exigencias; todo lo contrario, en el plan de Dios el universo está perfectamente determinado.

Los primeros cuarto y sexto día de la existencia del universo desde su creación, el estado del universo era perfecto; el principio del pensamiento científico aún no había entrado en acción, todo lo existente en el tiempo y por el tiempo, tanto la energía hecho materia, así como la energía pura propiamente conocida en sus diferentes características, lo animado y lo inanimado que se encuentran en el universo, aún el tiempo propio que viene a ser el continente del universo, fueron creados con leyes perfectas; pero tratándose de estas leyes físicas, permanecerán constantes e invariantes mientras subsista el universo (Salmos 72: 5) y (Salmos 104: 5) porque el principio del pensamiento científico sólo opera en el hombre.

Sobre estas leyes que rigen el universo, trataré en el segundo capítulo. Ahora entraremos en el tema del capítulo. Para ello nos formularemos estas preguntas, que nos ayudarán a entender el principio del pensamiento del hombre ¿Existe Dios? ¿Quién es? ¿Qué es el pensamiento? ¿Cómo y de dónde proviene el pensamiento del hombre? ¿Qué o quienes controlan nuestra mente? ¿Tenemos realmente libre albedrío?

¿Quién es Dios?

Con frecuencia nos preguntamos sobre la existencia de Dios y buscamos respuestas físicas o visibles; como Tomás el dídimo que no creía que Jesús había resucitado sino hasta verle en condiciones en que había sido crucificado (S. Juan 20: 25) el hombre de hoy, del mismo modo, busca respuesta tangible que satisfaga su incredulidad, al menos en el ámbito del principio del pensamiento científico, como dice Hawking que la vida proviene de la evolución por puramente azar (Hawking, Agujeros Negros, 2002) se exige una respuesta que sea capaz de demostrar quizá inmerso en alguna ecuación matemática la presencia de Dios en el universo, hecho que jamás el hombre alcanzará.

Sin embargo ¿Quién podría asegurar que la matemática es en efecto la ciencia y/o herramienta científica que describe la existencia de algo partiendo puramente de lo abstracto olvidando adrede que existe el universo? ¿Serán adecuadas las matemáticas para describir las leyes que rigen la naturaleza, impuestas por el Creador? En consecuencia toda ciencia es creada (bajo la concepción humana, puesto que en lo estricto de la palabra, el hombre no crea nada) por el hombre, para poder explicar los fenómenos que ocurren en la naturaleza, apoyado por la experimentación (columna de las ciencias) por ende, no se puede afirmar de que si son leyes o ley verdaderas puestas por Dios, ya que se puede estar trabajando a la sombra de la verdad misma. Dios es Espíritu... (S. Juan 4:24) pero

¿Qué es Espíritu? Pablo recomienda a no pensar a más de lo que está escrito (I Corintios 4: 6) las cosas secretas pertenecen a Jehová nuestro Dios... (Deuteronomio 29: 29) en efecto por temor y reverencia a mi Dios, no intentaré buscar explicación ni dar respuesta falible a esta pregunta, pues Dios es, EL YO SOY (Éxodo 3: 14) y el que ES y SERÁ (Apocalipsis 1: 8) y no hay forma alguna de dar definición contundente de *Espíritu* en su composición sustancial, es decir, no se puede particionar o analizar al Espíritu para comprender su estructura en ningún sentido de la palabra; solamente se puede dar por entendido a través de su manifestación al hombre, como lo hizo con Moisés, que se le apareció en forma de fuego (ÉXODO 3: 2) a Juan el Bautista en forma corporal de una paloma (S. Lucas 3: 22) y a muchos otros en forma corporal humana en el antiguo testamento, pero hoy en el nuevo testamento, Dios se manifiesta a todo hombre que le busca, a través del Espíritu Santo que es una promesa como un don de Dios que debe recibir cada persona en su vida, llenándoles con su Espíritu según Hechos 1: 8 cuya señal es hablar en otras lenguas según el Espíritu les diese que hablasen (Hechos 2: 4) esta es la señal inequívoca el que todo hombre debe recibir en su vida para tener parte en la primera resurrección de los muertos para gozo y vida eterna, caso contrario el hombre que no haya recibido o tenido esta experiencia con Dios, jamás verá el rostro del Señor, sino solamente para ser juzgado. El recibir el Espíritu Santo, nos da la seguridad absoluta de la existencia de un Creador y soberano Señor, puesto que: el que no naciere de agua y de Espíritu, no puede entrar en el reino de Dios (S. Juan 3: 5) y será condenado a resurrección para sufrimiento perpetuo (Apocalipsis 20: 15) cuyo humo sube por los siglos de los siglos (Apocalipsis 14: 11)

No se debe confundir el espíritu del hombre que es su vida el que le fue dado en la creación, con el Espíritu de Dios que es la promesa para vida eterna el sello que nos transformará en seres inmortales en la segunda venida del Señor (I Corintios 15: 52) siempre que tengamos este Espíritu en nuestras vidas como el sello de seguridad para tener parte en la primera resurrección. Este es el Dios Creador del universo que hoy está reconciliando al hombre consigo mismo a través de Jesucristo su hijo, quien murió por la humanidad y resucitó de entre los muertos para darnos vida. Estas manifestaciones de Dios al hombre, se llaman teofanías, solamente podemos percibir la presencia de Dios en casos especiales a través de la teofanía de Dios, ya que en estos tiempo Dios se manifiesta mediante su Espíritu Santo que viene a habitar en el corazón del hombre (I Corintios 6: 19) el Espíritu que recibí de mi Dios para mí es no condición necesaria pero sí seguridad absoluta de afirmar que Jesús es el Creador y Salvador del mundo, que está a la puerta para dar la recompensa a cada uno según sus obras..

El universo entero da cuenta de la existencia de Dios, el salmista David decía: Los cielos cuentan la grandeza de tu poder.

Si un hombre afirma que Dios no existe, creo que el tal vive una vida desaforada, puesto que inevitablemente todo hombre es un ser hecho a imagen y semejanza de Dios, su espíritu salió de Dios para constituirse ser viviente sobre la tierra; es semejante a una computadora que trae en la memoria grabado el logo de la fábrica (debo admitir que en lo posible evito estas analogías, puesto que me generan incomodidad por cuanto busco que lo dicho de cada cosa, sea determinado) así al hombre su alma representa el sello de su origen, esto es la fuente de donde proviene (S. Marcos 14: 38) es la razón que el hombre busca algo o alguien en quien creer o a quien tener por Dios, creando para sí dioses a quienes poder adorar, u ofrecerle reverencia; y si esto no sientes en tu vida querido lector, estás segado por Satanás ¡apiádate de ti mismo! Pero: ¿Quién es el Dios que hizo los cielos y la tierra? El pueblo Árabe, descendencia de los hijos de Ismael hijo de Abraham quien fue amigo de Dios, creen estar o poseer la religión que Dios ha escogido, la de ser **Musulmanes** (resignados a Dios) (Sura II: 126) A su vez si los Judíos y los cristianos adoptan la creencia musulmán, hacen lo recto (Sura II: 131), sin embargo, aceptan que el pentateuco escrito por Moisés, y los evangelios escritos por los discípulos de Jesucristo (todos fueron inspirados por Dios) son libros dados por Dios; entonces veamos lo siguiente: Jehová dijo al pueblo de Israel: profeta de en medio de ti levantaré… a Él oiréis (Deuteronomio 18: 15) Juan el Bautista confirma esta profecía en el tiempo cumplido y dijo: más en medio de vosotros está uno a quien vosotros no conocéis (S. Juan 1: 26) de quien a su vez el apóstol Juan dice que es el hijo de Dios (S. Juan 1: 34) el verbo que era con Dios y que era Dios (S. juan 1: 1) ya estaba en medio de ellos ; muchos otros texto se pueden citar como respaldo que Jesús es el hijo de Dios. Si el pueblo Árabe (Musulmán) admite como libros dados por Dios el Pentateuco y los evangelios, ¿Cómo es que refutan categóricamente de que Dios tuvo un hijo? Dios no puede tener hijos (Sura XIX: 36) otro: infiel es el que dice: Dios es el Mesías... (Sura V: 19 y 76) en el Sura VI: 84 cita al salmista David de entre los muchos, para afirmar que Dios es uno; siendo así, veamos el (Salmos 1: 7)... **Mi hijo eres tú; yo te engendré hoy**. Otro: Jehová dijo a mi señor: siéntate a mi diestra hasta que ponga a tus enemigos por estrado de tus pies (Salmos 110: 1) Isaías lo llama: Dios fuerte, Padre eterno... al hijo que había de nacer (Isaías 9: 6) entonces estos escritores; profetas, apóstoles y el mismo Jesús que dijo: yo y el padre uno somos (S. juan 10: 30) y la confesión de Pedro cuando le preguntó Jesús a sus discípulos acerca de qué es lo que decían los hombres de Él dijo: tú eres el hijo del Dios viviente (S. Mateo 16: 16) bajo la lupa de El Corán, cometieron blasfemia contra Dios y que son infieles en consecuencia deberán sufrir el castigo ignominioso que sentencia el Corán. No obstante, los doce apóstoles de Jesucristo tienen vida eterna en la nueva Jerusalén, la santa ciudad que todo creyente heredará, allí en sus cimientos están los nombres de los doce apóstoles escritos (Apocalipsis 21: 14).

La Biblia dice que el único que salvará al hombre de este castigo ignominioso (válgame el término empleado por Mahoma) es Jesús el hijo de Dios (Hechos 4: 12) el Padre eterno, el Dios fuerte que un día nació de mujer- como hombre Dios nació de María, es decir se vistió de carne- y todo aquel que en Él no cree ya ha sido condenado, por cuanto no ha creído en el nombre del unigénito Hijo de Di0s (S.

Juan 3: 18) en consecuencia, el Corán, no es revelación de Dios ni por el Ángel Gabriel como dice Mahoma, puesto que confrontado con la Biblia se encuentra muchas contradicciones y esto hace que el Corán carezca de veracidad y validez; sin embargo cabe resaltar que el Dios en quien creen, es el mismo Jehová del antiguo testamento el que tomó a Abraham por escogido suyo para reconciliar al mundo consigo mismo a través de su descendencia que tampoco fue Ismael padre de los Árabes, sino en Isaac le fue llamada descendencia (Génesis 21: 12) pero esto de ninguna manera les hace virtuosos ante el Hijo de Dios que es Jesucristo único salvador de todo el mundo (I Juan 4: 14) ni a los Árabes, ni a los hijos de Israel que es el pueblo escogido por Dios de en medio de quien salió el Mesías, ninguno es pueblo predilecto para sr redimido de balde (S. Lucas 3: 7-8)

En el mundo hay muchas religiones, creencias y diversas culturas y cada uno con sus propios dioses; si bien se observa con respeto a tales culturas, no se puede, no declarar lo que le sucederá a toda esa humanidad que no acepta a Jesucristo como su Dios del universo, aún mi propia cultura, la cultura Inca que tuvo por dios al sol, esta cultura adoró al sol como dios y fue una cultura pagana, entonces si no conocieron a Dios en vida, serán condenados por sus propias conciencias en el juicio final, entonces puedo afirmar que si la historia de los Incas que hoy conocemos relata hechos reales, entonces están condenados irremisiblemente al eterno sufrimiento, y lo mismo le acontecerá a todas las culturas del mundo, culturas paganas, ninguna tendrá excusa ante la presencia de Dios, todos compareceremos ante el gran tribunal de Cristo, para que cada uno reciba según lo que haya hecho sea malo o sea bueno mientras estaba en el cuerpo (II Corintios 5: 10)

En efecto, no hay Dios, fuera del Dios de Israel, aquel que creó el universo, él es el Dios en toda su magnificencia y hoy gracias a la sangre que Jesús derramó en la cruz del calvario, todos los hombres del planeta tierra somos llamados a ser hijos de Dios juntamente con Jesucristo el Hijo de Dios (Romanos 8: 17) siempre que procedamos al arrepentimiento de nuestros actos que nos apartan de la presencia de Dios (Romanos 3: 23) para después de esta vida sobre la tierra, pasemos a vivir con él por siempre en la nueva Jerusalén, que es la patria celestial inigualable visto y testificado por el apóstol Pablo.

Mente humana

El sexto día, Dios creó al hombre del polvo de la tierra y sopló en su nariz aliento de vida, y el hombre fue un *ser viviente* (Génesis 2:7) Salomón se formula la siguiente pregunta: ¿Quién sabe que el espíritu de los hijos de los hombres sube arriba, y que el espíritu del animal desciende abajo a la tierra? (Eclesiastés 3: 21) todo cuerpo que tiene vida, tiene espíritu, no existe ser viviente que posea vida y no tenga espíritu; ningún ser viviente, puede crear espíritu, todo ser viviente es dotado de espíritu de la fuente que es Dios; entonces, no existe ningún tipo de maquina creado por las criaturas, que posea vida, esto bajo el rigor absoluto de la definición de *vida.*

El espíritu del hombre y el espíritu de los animales es el mismo, que tanto al uno como al otro les da vida (Salmos 104: 30) también podemos ver el libro de Ezequiel, allí podemos leer al profeta Ezequiel profetizando sobre los huesos secos, los cuales se juntaron cada uno, hueso con hueso... fueron cubiertos de carne y entró espíritu en ellos y vivieron y estuvieron sobre sus pies (Ezequiel 37: 1-10) esto quiere decir que para que un cuerpo tenga vida, es necesario que esté constituido de espíritu, además de poseer materia (Job 32: 8) y estas dos partes se unen para constituir un solo ente. Aquí está el meollo entre la ciencia y la creación, ya que el hombre ser racional, señor de la tierra, ignora su propia vida, su alma, atribuyéndose a sí mismo materia viviente, constituido solamente por un cerebro físico semejante a la de una computadora ¿Qué le sucede al hombre? Independientemente de la forma que tenga o posea un cuerpo, tantos cuerpos macroscópicos o microscópicos, su espíritu, es el mismo que proviene de Dios; desde el momento en que el espíritu toma un cuerpo en la concepción, (S. Mateo 1: 18) este espíritu queda con el cuerpo que tomó y de sus acciones de este cuerpo, dependerá el destino de tal espíritu. Pero ¿Cuál es la diferencia entre el espíritu del hombre y el espíritu del animal? El espíritu del hombre, posee conciencia (alma) desde el momento en que Dios sopló aliento de vida (Génesis 2:7) le dio parte de Sí, creando al hombre a imagen y semejanza de Dios, con conciencia y con sabiduría (Génesis 1: 27) es lo único que al hombre le hace ser racional, pensante; diferente al espíritu animal, puesto que a este último, Dios lo privó de facultad. Toda acción del animal, es generado por su espíritu, y su cuerpo físico, lo ejecuta bajo un estado inocente, es decir, libre de culpabilidad o responsabilidad, las emociones de su espíritu, se manifiestan en un sentido, positivo, y estas las podemos observar en nuestras mascotas; sin embargo; no se debe ignorar que Satanás también los inquieta, tomándolos para sí; como lo hizo con el hato de cerdos, cuando Jesús los reprendió a los demonios que habían atormentado a un hombre gadareno, estos le pidieron que se les permita entrar en los cerdos, y les fue permitido y entraron en los cerdos, y el hato se precipitó en el mar (S. Marcos 5: 13)

El estado de inocencia de los animales, hace que sus espíritus, no sean pedidos por la justicia divina, a pesar que sus actos parezcan provenir del mal, tal es el caso del asna de Balaam, que parecía estarse burlando de él, pero cuando Jehová abrió la boca al asna para que hablase, Balaam se dio cuenta de que quien estaba en el camino equivocado, era él (Números 22: 28-30) estos hechos están gobernados por su espíritu de vida que los hace seres vivos. Todo espíritu es indestructible e inmortal, pero Dios quien nos dio el alma, tiene poder para destruir el alma en el infierno (S. Mateo 10: 28) debido a esta característica del espíritu, Salomón se preguntaba sobre donde llegarían a para estos espíritus cuando deje su cuerpo en el día de la muerte de su cuerpo físico. En efecto la inteligencia del hombre proviene únicamente de su espíritu quien fusionado con el cuerpo físico, genera un ser consciente y racional, y esta racionalidad, le fue dado cuando Dios le dio aliento de vida con el soplo en el momento de su creación, por eso el hombre, es responsable de sus actos y en el día del juicio final, Dios le pedirá cuentas por estos, y el destino de su alma, depende de los actos que haga en esta tierra cuando en cuerpo físico estaba. Ahora. No olvidemos que el hombre tiene un enemigo manifiesto en todo el universo, y este tiene controlado hoy por hoy la mente del hombre para apartarnos de los preceptos de Dios, y hacer que ignoremos a él, resistiéndonos a creer en su existencia. En consecuencia, no existe ser vivo en ningún punto del universo que sea vivo y no tenga espíritu de vida, ya sean racionales o privados de este privilegio; el hombre que es ser racional, señor sobre todo ser viviente irracional de la tierra, tiene espíritu de vida que le hace ser viviente, desde que nace y para siempre, sin embargo, el hombre no puede tomar control de su espíritu, esto significa que si le llega la hora ***determinada*** de su muerte físico; no podrá retener su espíritu en su cuerpo por un instante más (Proverbios 8: 8) puesto que el alma de todo ser viviente y el hálito de todo ser humano está en las manos de Dios, quien ha determinado la vida de cada ser viviente (Job 12 10) trazando límite al caminar de cada viviente (Job 13: 27)

El universo al cual pertenecemos, tuvo un principio en el vacío absoluto, en el cual el tiempo absoluto, no existe, esto quiere decir que ausencia de todo, no se puede medir nada, ni el tiempo, ni el espacio, pues simplemente no existen, sin embargo la morada de Dios ya existía antes de la fundación del mundo y de nuestro universo (S. Juan 14 2) y (Apocalipsis 21: 2 y 10)

En este universo de Dios, fueron creados los ángeles y los otros seres vivientes que hace mención la Biblia; estos seres creados por Dios, están regidos por el *principio del pensamiento perfecto y el principio del pensamiento científico;* aunque el segundo principio aún no había entrado en acción, su existencia antes del universo lo podemos ver en el libro de Job (Job 38: 7) hasta ese entonces, todo es perfección; aún el universo de Dios está sometido a su Creador a pesar de lo inanimado que es tiene el conocimiento de su Dios, esto por principio de creación.

Creados los Ángeles en semejanza de Dios, seres pensantes y sintientes, con atributos de poder, poder limitado (Hebreos 2: 6-7) surge allí por principio de creación, la sumisión de los Ángeles ante su Dios, puesto que eran y son conocedores de su Dios en toda su magnificencia tales como: su omnisciencia, su omnipotencia y su omnipresencia, cualidades de Dios que hacen que su creación esté sujeta a Él y le tengan reverencia inexcusable, esto quiere decir que, si existe un Dios Supremo, entonces la creación en su totalidad, está sometido a Dios; todo lo existente, sea materia inanimada, o materia animada u otras formas de criaturas, así sean seres vivos de otras índoles, desconocidas aun por la humanidad, (Ángeles destituidos capaces de tomar formas de vida corpórea. Apocalipsis 13: 15) están predestinados y confinados a la sumisión ante su Creador. Los Ángeles fueron creados seres vivientes perfectos, esto es; absoluta obediencia a Dios y con el conocimiento del bien y del mal, es decir, sabiendo lo que es la obediencia y su consecuencia, la desobediencia y su consecuencia, al que en adelante se conocerá como el *principio del pensamiento científico* o abreviadamente, *el principio científico* (ciencia del bien y del mal) pero que sólo estaba en acción la obediencia dentro de lo perfecto sin condición alguna o dicho de otro modo sólo estaba en acción el *principio del pensamiento perfecto,* aun, no había entrado en acción la ciencia del bien y del mal o el principio del pensamiento científico, entonces, toda la creación , está en el estado perfecto como al principio, estos Ángeles además de tener conocimiento de lo perfecto y de la ciencia del bien y del mal fueron dotados de un poder que para nosotros los humanos se llama poder sobrenatural, debido a esto, son capaces de transformar la materia primitiva en muchos usos que el hombre aún no ha sido capaz de desarrollar esta ciencia; pero a pesar de ello estamos en la misma capacidad de desarrollar ciencias de vanguardia porque provenimos de la misma creación y del mismo Creador aunque se debe admitir que ellos llevan la vanguardia del conocimiento científico como seres que tienen poder extra con respecto a los hombres, y esto es lo que les da facilidad de realizar las cosas con un conocimiento científico con mayor desarrollo que la del hombre, porque salieron del mismo universo de Dios donde existen cosas inefables (aquí se hace referencia a los Ángeles destituidos por Dios, que hoy gobiernan el universo) pero el hombre debe ir descubriendo progresivamente el conocimiento científico contenidos en ambos principios del pensamiento que rige la naturaleza. Pero, tal es que ahora sí estamos subyugados por alguien que lo ignoramos voluntariamente y eta voluntad de ignorarlo proviene de él mismo; en adelante veremos porque.

Como es de ver, todos, por principio de creación, estamos sometidos al Creador, al conocimiento y reconocimiento de la majestad del Creador, y esto conlleva a la obediencia de las leyes y mandamientos que él estableció para toda su creación conforme a su voluntad, del cual estamos limitados a contender (Job 40: 2) pero esto no prohíbe auscultar la creación del universo, las leyes que gobiernan la dinámica del universo, y la ley universal que rige el universo en su completitud. Dios nos lo dio la inteligencia desde el primer hombre que fue creado, es decir desde Adán para poder llegar a descubrir todo cuanto queramos (Colosenses 3: 17) pero todo cuanto hagamos con diligencia y sumisión, quitando de nosotros la soberbia que es la causa de todo fracaso no solamente del hombre, sino también de toda criatura racional, integrante del universo. La soberbia del hombre proviene del principio del pensamiento que gobierna este universo.

Hasta este entonces, prevalece lo perfecto en la creación de Dios, en especial en los seres que poseen vida; es de recordar que la perfección en la creación inanimada, es constante e invariante hasta el tiempo determinado o tiempo del fin (Salmos 104: 5)

Estos Ángeles, seres incorpóreos estaban y están sometidos a Dios como sus ministros y mensajeros (Salmos 104: 4) bajo la perfección y obediencia, hasta después de que Dios emprendiera la creación del universo, obra que fue diseñada por causa del hombre.

Cuando Dios ejecuto el proyectó de la creación, primeramente fue hecho la tierra, posteriormente, los cielos y seguidamente las plantas y toda hierba del campo y luego de ellos, el sol, la luna y las estrellas. Hasta este momento, habían transcurrido ya cuatro días, desde el tiempo cero del universo y sin ninguna alteración de lo perfecto.

En este tiempo, entre el tercero y cuarto[1] día, son creados el sol, la luna y las estrellas, y puestos en la expansión de los cielos; esta ejecución fue presenciado por los Ángeles como dice Job: Cuando él extendía los cielos y establecía leyes a todo el ejército de ellos para que estuviesen firmes e inamovibles por ninguno, todos los Ángeles alababan a Dios por las obras que hacía (Job 38: 7) pero probablemente surge algo en esta etapa de la creación, uno de los Ángeles fue engullido por la soberbia, y precisamente fue el Ángel más bello de entre los Ángeles, el que fue llamado, Lucero, hijo de la

---

[1] *Límites extremos de cada era de la creación.*

mañana (Isaías 14: 12) el Ángel más hermoso tuvo que ser. Es de entender que en la mente pueden surgir muchos pensamientos inevitables provenientes del exterior, ya sean pensamientos incorrectos o pensamientos correctos, aún los pensamientos perfectos; esto es conocer lo que se conoce, la diferencia entre el pensar de forma involuntaria-influencia externa- y pensar intencionadamente-libre albedrío- y germinarla algún pensamiento para concebirlo y dar a luz; es la determinante para su ejecución; esto es lo que sucedió con Luz Bel, tenía en mente los dos principios del pensamiento; el principio del pensamiento perfecto y el principio científico (bien y mal) hasta este punto, solamente el principio del pensamiento perfecto estaba en acción, pero embaucado por el principio científico, germinó el él, el orgullo, proponiéndose en su corazón ser semejante a Dios, en soberanía y majestad, queriendo hacer para sí un reino y edificar su trono junto a las estrellas de Dios (Isaías 14: 13) y morar allí, constituyendo para sí, dominios, tronos y potestades en las regiones celestes, desde luego no llegando a ser igual a Dios, puesto que es espíritu creado por Dios y como tal su poder es limitado (Colosenses 1: 16) esto fue la causa determinante para que él fuera echado de la presencia de Dios y ser separado para siempre, por causa de la soberbia y la rebelión que en su corazón se había propuesto; en esta etapa de la creación del universo se rompe la sumisión voluntaria-libre albedrío- a Dios de Luz Bel y de un determinado número de ángeles, es probable que al ver la majestuosa creación de Dios, haya surgido en él el deseo de crear para sí otro reino, pues los ángeles poseen poder para hacer o recrear a partir de la energía existente, pues él dice para sus adentros: subiré a lo alto, junto a las estrellas de Dios, levantaré mi trono… (Isaías 14: 13) claramente podemos entender la expresión que dice; junto a las estrellas; y no; en las estrellas; esto nos conduce a concluir que hay formas de vida en otros sistemas planetarios, semejante a lo nuestro, no creados por Dios, sino desarrollados por estos Ángeles destituidos, pero no como el hombre de carne y sangre, porque ellos son espíritus que sí tienen la capacidad de adoptar formas de vida haciendo uso de la energía del sistema en la cual se desarrollan y como poseen poder sobrenatural, respecto a los humanos, entonces ellos están con mayor desarrollo tecnológico que la raza humana puesto que salieron de la morada de Dios. Quede claro que no existe ninguna forma de vida fuera de la tierra o en universo proveniente del plan de la creación, ya que el universo fue creado por causa del hombre: Luz Bel fue embaucado por la soberbia y probablemente a raíz de esto, buscó su independencia ignorando adrede la Omnisciencia de Dios y olvidando su poder limitad, dominado por la emoción cautivadora de la soberbia, entonces es allí donde se da el principio de una aparente libertad en la que el ser racional puede hacer lo que mejor le parezca a expensas de propia vida, rebelándose contra su Creador, y olvidando las consecuencias irremisibles de la rebelión, porque este acto es lo que Dios no perdonó, este hecho de tomar el universo como suyo y edificar reino para sí, tratando de ser igual a Dios o menospreciando la Omnipotencia de Dios, siendo procedente y dependiente de un Creador, se denomina mal, siendo este último, rebelión contra Dios, originándose de este modo la desobediencia y surgiendo en el universo por primera vez el *principio del pensamiento científico* en acción.

Es en esta etapa del universo donde surge el principio del pensamiento científico y que se extiende por todo el universo, puesto que estos Ángeles separados del reino de Dios, exploran el universo tomando posesión para sí y edificando reinos y dominios teniendo en frente a Luz Bel como el príncipe de las tinieblas (Efesios 6: 12)

En el sexto día, es creado el hombre sobre la tierra, bajo el mismo principio de los ángeles, que es la obediencia perfecta a Dios- *principio perfecto-* y la ciencia del bien y del mal *–principio científico-* y el obedecer o desobedecer, está dentro del principio científico, como dije anteriormente, y la acción de cada una de ellas tendría consecuencias irremisibles, de hecho que la obediencia perfecta, lleva a una vida sin alteraciones desde el día que fueron puestos en el huerto del Edén, ya que la consecuencia de la obediencia era la conservación de lo perfecto, es decir no había ningún tipo de alteración ni perturbación alguna al principio perfecto, tampoco en el hombre estaba la intención de alterarla puesto que fue creado en perfección y lo único que tenía en la mente era la obediencia a su Creador y tener el cuidado de la tierra que Dios le había dado, aún no se había manifestado el principio de la ciencia del bien y del mal, en ese entender, el hombre (Adán) moraba sólo en la tierra aún sin ayuda idónea para él, estaba sólo al cuidado de todo lo que Dios había creado, esto además significa que no tenía la necesidad biológica sexual, porque aún no había sido creada la mujer; cuando Jehová Dios ve al hombre sólo en el huerto del Edén, dijo: no es bueno que el hombre esté sólo le haré ayuda idónea para él; he hizo caer en sueño profundo a Adán, y de uno de sus costillas tomó para formar una mujer y la dio por ayuda idónea para el hombre. Es a partir de allí donde Dios establece el deseo bilógico del hombre por el sexo opuesto para conservar la generación humana y que por dicha causa, el hombre dejaría a su padre y a su madre para unirse con su mujer y constituir una sola carne; esto es la consecuencia inmediata de la creación (Génesis 2: 22-24) por cuanto la causa para la creación de la mujer era el varón (I Corintios 11: 9) pero en el Señor ni el varón es sin la mujer, ni la mujer sin el varón (I Corintios 11: 11) la vida del hombre sobre la tierra, se desarrollaba en perfecta comunión con Dios, pues el mal, no surge del hombre en principio, aunque en el universo ya está operando el mal e imperando las regiones celestes por este Ángel (Luz Bel) que toma posesión de él, aunque el mal o el principio del pensamiento científico ya estaba operando en el universo, Dios estaba al cuidado de su creación, paseándose en el huerto del Edén, para ver al hombre que puso en dicho huerto, pues Él velaba por su creación. En el Edén, Dios puso toda planta para que el hombre y los animales creados por Dios se alimentaran, porque todo ser viviente, se alimentaba únicamente de las plantas que Dios había creado, ninguno se alimentaba de carne ni de sangre. Además de las plantas con las que se alimentaban todos los seres vivientes; puso Dios en el huerto del Edén otros dos árboles, uno de ellos el árbol de la vida y el otro el árbol de la ciencia del bien y del mal; este último, le era prohibido al hombre comer de su fruto, es así como Dios ordenó al hombre que no comiera dicho fruto, porque el hombre como ser que tiene componente espiritual, proveniente de Dios, desde su creación, le era impuesta necesidad la obediencia a los mandamientos de su Creador; eh aquí la clave determinante para el destino dl hombre sobre la tierra; puesto que Dios demanda del hombre obediencia a sus mandamientos de forma voluntaria-libre albedrío- de esto dependía la continuidad de la vida del hombre sobre la tierra; de la acción de la obediencia perfecta y de la obediencia y desobediencia científica; surge el *principio del pensamiento del hombre*; esto es el *principio del pensamiento perfecto* y el *principio del pensamiento científico* (ciencia del bien y del mal) estos principios surgen paralelamente con creación tanto el principio de lo perfecto como el principio del bien y del mal, porque el universo es perfecto, el hombre era perfecto en todo, y hoy ya no lo es. Pero recordemos lo anterior dicho sobre uno de los ángeles que fue separado de la presencia de Dios arrastrando consigo muchos millares de ángeles que también se rebelaron contra Dios. Estos se apoderaron del universo haciéndose dueños de él (S. Lucas 4: 6) este viendo al hombre en la tierra y conocedor de las consecuencias irremisibles y catastróficas que le vendrían al hombre por desobedecer los mandamientos de Dios, y no queriendo que el hombre prospere en la perfección, se presentó ante la mujer y le dijo

Satanás.- ¿Con que Dios os ha dicho: No comáis de todo árbol del huerto?

Eva.- (Nombre de la mujer de Adán) del fruto de los árboles del huerto podemos comer; pero del fruto del árbol que está en medio del huerto dijo Dios: No comeréis de él, ni le tocaréis, para que no muráis.

Satanás.- No moriréis, sino que sabe Dios que el día que comáis de él, serán abiertos vuestros ojos, y seréis como Dios, sabiendo el bien y el mal (Génesis Capítulo 3)

Situación crucial; Dios dijo al hombre, hoy pongo delante de ti dos caminos; tú pues escoge por cuál de ellos vas, es decir Dios quiso decir al hombre, escoge el principio de tu pensamiento, aquel que gobernará por el resto de tu vida mientras en cuerpo estés y no hayas cambiado de parecer; vio la mujer que el árbol era bueno a los ojos y árbol codiciable para alcanzar la sabiduría, preciado por el hombre; Eva puesto a prueba por alguien que nunca conoció, fue seducido por la tentación y concibió y dio a luz lo que en mente tenía; la ciencia del bien y del mal, tomó de su fruto y comió y compartió con su marido y él también comió; entonces fueron abiertos los ojos de ellos y conocieron que estaban desnudos. Este fue el punto de inicio del fracaso del hombre en la tierra; consumado es; no hay tiempo, espacio para remedian o enmendar lo sucedido; Satanás logró su objetivo, el hombre dio inicio a la acción del principio del pensamiento científico (ciencia del bien y del mal) donde existe dos caminos para el hombre y miles de historias cuánticas venidos del exterior , fluctuaciones que tienen apariencia de verdad o que encierran una lógica consistente, y esto es constituido pecado delante de Dios y por causa del pecado del hombre toda la tierra sufre la maldición de Dios; los animales que hasta hoy se alimentaban de plantas y hierbas, inician el salvajismo, alimentándose de carne, iniciándose de esta manera la cadena alimenticia como consecuencia de la maldición que sufre la tierra, los más fuertes, devoran a los de ánimo débil; los indefensos, desarrollan formas de vida para su sobrevivencia (destino predestinado en función del libre albedrío predestinado pero desconocido por el hombre) pasa una serie de alteraciones del orden perfecto de la creación, alteraciones del ecosistema y hasta hoy todo integrante de la tierra, heredó este mal porque provenimos de nuestros primeros padres Adán y Eva; y por cuanto somos descendientes de ellos, en nuestra sangre llevamos el mal que os separó de Dios nuestro Creador.

Con el transcurrir del tiempo, llegamos hasta hoy, entre muchas peripecias que el hombre sufrió, ya sean catástrofes naturales, azotes de Dios al hombre, entre las cuales está la anegación de la tierra en agua, en la que la humanidad pecadora fue destruida y exterminada, quedando solamente Noé el justo y con él siete de sus parientes y esto por cuanto halló gracia delante de Jehová para no ser destruido juntamente con los de doble ánimo. Así se conservó la raza humana hasta hoy (Génesis 7) se puede citar también la lluvia de fuego y azufre en Sodoma y Gomorra (Génesis 19) como también las plagas que azotó a Egipto (Éxodo 7 y 12) la desolación y cautiverio de Israel (II Crónicas 36: 17) todos estos azotes de Dios, son anuncios de lo que acontecerá en el tiempo del fin sobre toda la humanidad sean vivos o muertos, los que no están registrados en el libro de la vida.

Pero la obediencia a Dios no es la subyugación de su creación, ni mucho menos es la humillación, que conlleva a la subestimación o humillación explotadora como lo podemos apreciar o el avasallamiento marginal que se puede considerar al hombre respecto de Dios, es decir que no le permite al hombre auscultar su creación, esto no es como parece; aquí es donde se puede apreciar que la humanidad, depende del principio del pensamiento científico, porque si pensáramos conforme al principio del pensamiento perfecto, entenderíamos que Dios nos ha dado toda potestad para hacer con toda libertad cuanto queramos hacer; si escudriñamos la Biblia, encontramos que estamos en la absoluta libertad de hacer las cosas que queramos hacer, es más Él dice que le pidamos cuanto queramos y nos la daría (S. Juan 16: 23) y el pedirle a Él demanda por sobre todas las cosas, primeramente, reconocer que Dios es sobre todas las cosas, que Él es el Creador del universo y la consecuencia inmediata, es tener fe en Él, a través de su palabra; consiguiendo de esta manera respuesta de Dios; por esta promesa, tengo la esperanza de entender el misterio (misterio en el sentido matemático siempre que esta sea la ciencia apropiada para describir las leyes del universo) de la creación que termine con el principio de incertidumbre y la ineficiencia de las teorías científicas que sumergidos en el atolladero del Big Bang se quedaron atascados sin respuesta contundente en dicho punto supuesto del origen del universo; digo punto supuesto, porque el Big Bang no es la teoría del origen del universo porque no se ajusta a la palabra de Dios, aunque se sabe que la iglesia católica se ha apropiado de esta teoría , proclamando oficialmente como el modelo que está de acuerdo con la Biblia (Hawking, HISTORIA DEL) debo decir que es una gran mentira y un engaño a plena luz del día que esto haya sucedido porque el Big Bang no es ni lo será el modelo del origen del universo, mucho menos en el instante cero de la creación del universo porque no está acorde a la palabra de Dios, puesto que es un modelo caótico y arbitrario gobernado por el azar. Afirma la ciencia que allí es donde las leyes físicas fallan, sin poder resolver el enigma del origen del universo a medida que se aproximan al instante cero del universo (Hawking, HISTORIA DEL)

Es lógico que se derrumben las teorías científicas porque no están en concordancia con lo que fue el origen del universo según la palabra de Dios, puesto que la palabra de Dios no miente, como dijo Einstein "Dios no juega a los dados con el universo" (Hawking, Agujeros Negros, 2002) él estaba plenamente convencido que el universo es determinado, hasta el último de sus días seguía buscando respuesta a sus convicciones , no aceptando de esta manera el principio cuántico desarrollado posteriormente por muchos científicos de renombre, aunque se le atribuya como el causante de la cuántica.

No desestimo las aplicaciones de estos avances científicos en la vida cotidiana, puesto que toda tecnología tiene las bases en el descubrimiento científico y estos funcionan regularmente, pero discrepo categóricamente cuando se quiera aplicar al origen i dinámica del universo, como ya dije, no se puede aplicar teorías científicas probabilísticas al mecanismo absoluto del funcionamiento del universo; mucho menos al origen de este; esta es la razón por lo que postulo estos principios fundamentales en función de un origen creacionista del universo y a partir de ello, iniciar una nueva investigación científica que nos conduzca a descubrir la ley universal que gobierna el universo absoluto, teniendo como base o fundamento único, la palabra de Dios, inhibiéndonos de las teorías que se desarrollaron bajo el principio del pensamiento científico, campo de probabilidades. Sumergiéndonos en el único libro que encierra la verdad absoluta, comencemos por profundizar cada palabra escrita referente a la creación entonces, con seguridad encontraríamos el primer eslabón del origen del universo; es necesario partir del punto cero del tiempo para de esta manera comprender el recorrido del universo desde su creación hasta hoy; si partimos del origen, es posible entender todo lo demás, el problema fundamental hoy por hoy es buscar el origen del cabo suelto, porque de nada sirve emprender el estudio a mitad de camino ya que es allí donde se toman muchos caminos aparentes porque el hilo del camino recorrido por el universo está completamente desordenado, desorden generado por el principio del pensamiento que rige la mente humana esto es lo que se hizo, en vez de seguir la concatenación se ha desordenado, tomando en ocasiones trozos verdaderos y en la mayoría de los casos salidos de la verdad, y esto sucedió porque se ignoró voluntariamente el principio mental que rige el cerebro del hombre y el reto de hoy es encontrar el punto inicial en términos matemáticos para luego desenmarañar paso a paso el recorrido que realiza el universo y si Dios permite se puede predecir lo que sucederá en el postrer recorrido del universo a través del tiempo; siempre que en la determinación, esté determinado predecir lo posterior del universo.

CAPÍTULO II

EL UNIVERSO ABSOLUTO

*En el principio creó
Dios los cielos y la
tierra
Génesis 1: 1*

Para abordar este capítulo en el orden cronológico de la creación, primeramente se definirá el medio en el cual sucede todo fenómeno físico. El espacio tridimensional sugerido en décadas atrás como un espacio vacío que contenía una sustancia llamada éter, dentro del cual se desarrollaba todo fenómeno físico, el cual posteriormente fue desechado por Albert Einstein y sugirió que los sucesos físicos sucedían en el espacio vacío, en el cual el espacio y el tiempo son relativos. En efecto desarrolló una teoría, llamada, teoría de la relatividad, introduciendo en el espacio tridimensional una coordenada más, al que llamó coordenada del tiempo, proponiendo así un espacio-tiempo cuadridimensional. Sin embargo la realidad física absoluta del universo, no presenta espacio de cuatro o más dimensiones, pero con fines de mejor comprensión no solamente se puede trabajar con dimensiones reales, se puede introducir tantas dimensiones posibles en un sistema de referencia relativa, porque al final así se tenga tantas dimensiones como se quiera, siempre estaremos hablando de la energía del tiempo que es el medio tridimensional donde nos realizamos. Esta parte profundizaré en las siguientes páginas. En efecto esta coordenada añadida por Einstein lo vuelvo a quitar del espacio-tiempo cuadridimensional (porque la determinación, exige espacio real y no solamente espacio matemático) para volver al espacio tridimensional real constituido por energía del tiempo, así quedarnos con el espacio de tiempo tridimensional y que el todo constituye un volumen esférico de del tiempo total y es esto lo que realmente existe y se vuelve a retomar la sustancia llamada éter con características modificadas para que el universo esté completo y compresible.

Espacio-tiempo

En 1881mediciones realizadas primero por Michelson pusieron de manifiesto que la velocidad de la luz es del todo independiente de la dirección en que se propaga. El valor numérico de la velocidad de la luz designada por la letra c según las últimas mediciones es:

$$c = 2,99793 * 10^{10} \frac{cm}{seg}$$ (LIFSHITZ, 1992)

Estos resultados producto de mediciones, demostraban que la velocidad de la luz era constante; para que esto tuviera consistencia con la teoría de Newton, que se desprendía de un sistema de referencia absoluta, se sugirió la existencia de una sustancia llamada éter, que estaba presente en todas partes e incluso en el espacio vacío, de modo que la velocidad de la luz sería constante respecto al éter e inevitablemente variaría respecto de observadores diferentes que se mueven con respecto al éter.

En 1905 Albert Einstein señaló que la idea del éter era totalmente innecesaria con tal que se estuviera dispuesto a abandonar la idea de un tiempo absoluto… (Hawking, HISTORIA DEL)

El cuarto día de la creación, dijo Dios: Hay lumbreras en la expansión de los cielos … y sirvan de **señales** para días y años (Génesis 1: 14) la relatividad de Einstein es concordante con la palabra de Dios que lo puse en negrita líneas arriba, puesto que no existe tiempo absoluto respecto de ningún sistema de referencia que podamos tomar, excepto la propia expansión. En efecto, si se hace la medición de la velocidad de la luz respecto de cualquier sistema de referencia, siempre encontraremos dicha velocidad constante en virtud de la relatividad, pero veamos la idealización siguiente:

Ud. Y yo estamos sobre la tierra (Sí que lo estamos en este momento con el propósito de comprobar la relatividad; permítase estar realizando dicho experimento en este mismo momento) en un único punto que es el punto relativista (0, 0, 0, 0) de nuestro sistema de referencia, a su vez usted y yo somos sistema de referencia (tenga muy presente que somos sistema de referencia , para entender el principio de la relatividad de Einstein nos disponemos a emitir un rayo de luz en el instante en el que el tiempo de ambos es $t = 0$, en la dirección en que nos estamos moviendo a velocidad constante (no existe sistema de referencia con velocidad cero en el tiempo, salvo el punto centro del universo) luego de un tiempo $t = t_1$, tiempo de ambos; yo voy detrás de la luz con una velocidad mayor y constante con respecto a la velocidad inicial que tenemos ambos, entonces a primera intensión (principio clásico de Newton) si yo estoy yendo tras la luz con mayor velocidad, puedo afirmar que la velocidad de la luz respecto de mí habrá disminuido, en virtud de que yo aumenté mi velocidad, pero usted que se quedó en el mismo punto, tendrá la seguridad que la luz se aleja de usted, con la misma velocidad que lo hacía inicialmente; sin embargo al cabo de un tiempo $t = t_2$, que es el tiempo mío o de mi sistema de referencia el cual es ya diferente del tiempo de usted, yo estaré convencido que la velocidad de la luz respecto de mí habrá disminuido en virtud del incremento de mi velocidad. Para mi infortunio, me doy con la sorpresa que la luz sigue alejándose respecto de mí, con la misma velocidad que lo hace respecto de usted, el incremento de mi velocidad, no está a favor de mis expectativas esperadas, en consecuencia ¿qué sucedió si yo incrementé mi velocidad respecto de lo que inicialmente nos estábamos moviendo? Lo que sucedió es que cuando yo que soy un sistema de referencia, incrementé mi velocidad en alcance de la luz, el incremento de velocidad, hace que el tiempo mío, transcurra lentamente (dilatación del tiempo) independientemente de que si porto o no un reloj, quiero decir que la sola presencia de un sistema de referencia (masa) comba el medio en lo que nos movemos y el grado de combadura, dependerá de las condiciones de cada sistema de referencia, esto sugiere que el medio en que nos movemos, y que viene a ser el tiempo absoluto, sufrirá cambios en proporción directa a las condiciones del sistema de referencia elegida, esto es, bajo el principio físico que dice que dos cuerpos al mismo tiempo, no pueden ocupar una misma región de espacio; en efecto si consideramos la región de tiempo como un cuerpo, entonces otro cuerpo que tenga masa y se introduce en dicha región de tiempo, el tiempo tendrá que ser relativamente desalojado de su lugar y combarse en los contornos del cuerpo que lo desalojó, formando un campo de tiempo con densidad energética mayor que antes de ser desalojado. Si la misma unidad de control de nuestro tiempo es el segundo en el punto en donde usted está, dicho segundo para mí que soy otro sistema de referencia desde el momento que tomé otra velocidad, ya no es el mismo esto es, el tiempo que recíprocamente medimos, ambos a la misma vez será diferente (relatividad de Einstein)

¿Qué es el tiempo y qué es el espacio-tiempo? El continente del universo es un algo al que en adelante llamaré campo de tiempo o espacio-tiempo, es decir el medio en la cual nos movemos, nos realizamos es tiempo (el medio absoluto solamente está constituido de tiempo y la distancia que existe entre dos puntos de este medio se llama espacio) y en adelante se representará con $e-t$ (punto, longitud o volumen de tiempo) este espacio-tiempo es el medio en el cual ocurre todo fenómeno físico, si la relatividad de Einstein establece un tiempo no absoluto para un suceso cualquiera porque depende del sistema de referencia de la cual se hace la medición, el tiempo que transcurre, es válida en dicho sistema y equivalente respecto al otro sistema que dependerá de las condiciones que se encuentre respecto de este; esto quiere decir que todos los sistemas de referencia tomadas para hacer la medición del tiempo, obtendrán mediciones correctas respecto a su sistema de referencia, sin embargo debe existir un tiempo absoluto respecto del mismo sistema e-t que viene a ser el espacio de tiempo absoluto que está constituido por un campo de densidad variable de energía del tiempo absoluto y que todos los tiempos medidos en cada sistema de referencia dentro del tiempo absoluto para un mismo suceso, serán completamente diferentes respecto del sistema absoluto pero proporcionales a la densidad de energía del tiempo en la que cada sistema de referencia relativa se encuentren. Entonces la velocidad de la luz que es constante para cualquier sistema de referencia relativo, para el sistema absoluto, que no contiene masa, será variable y dependerá de la densidad de energía del tiempo absoluto.

En el principio creó Dios los cielos … (Génesis 1: 1) es aquí donde comienza el tiempo y es espacio, $e-t$ es decir, tiene sentido hablar del tiempo a partir de la creación de los cielos y la tierra, antes de ello no existe nada de lo que depende del tiempo, solamente Dios el gran **YO SOY** del antiguo testamento (/Éxodo 3: 14) que está en ese "*vacío*" absoluto (vacío absoluto se define como la ausencia de energía con densidad diferente de cero) pero si profundizamos esta definición meticulosamente, ese vacío absoluto no es como se define líneas arriba, es más bien Dios mismo, que no necesita de de ningún medio físico para su existencia, por consiguiente prescinde del tiempo, es por eso que cuando se le apareció a Moisés, le dijo: Así les dirás al pueblo de Israel; el YO SOY me envió a vosotros, esto significa que para Dios, no existe tiempo, pasado, presente ni futuro,

Dios ES; para cualquier tiempo del universo, Dios es ayer hoy y siempre, inmutable; entonces no tiene sentido hablar de tiempo, antes de la creación del universo ya que el universo es; ***tiempo hecho universo;*** en consecuencia, antes del universo únicamente existe Dios En el instante en que Dios crea la tierra (La tierra es la primera existencia del tiempo hecho materia y energía del universo) cada partícula elemental que la constituye es energía de densidad "pesada[2]" que en su estructura interna, el $e-t$ existente entre cada partícula elemental es energía *"pura"* de densidad energética que es intrínseca a cada sustancia (de este $e-t$ intrínseco, hablaré en su momento)

Esta energía pura, es la misma del espacio-tiempo que está en constante expansión a lo que Dios llamó cielos, el cual está constituido en su estructura misma de aquella sustancia al que alguna vez la llamaron *éter*, ahora se diferencia porque esta sustancia que constituye el medio, no es una sustancia constante, tampoco está en el vacío del universo ya que ahora es el mismo vacío del universo o continente del universo, cuanto más se aleja del origen o de su centro, la densidad de energía tiende a cero, hasta hacerse cero en los confines o bordes del universo. Por consiguiente, existe el tiempo absoluto que es el medio en el cual ocurren los fenómenos físicos, este medio es absoluto y constante en magnitud en cada película de la esfera del tiempo, pero difiere en número, es decir la cantidad de energía que cubre el cascarón de la esfera en las proximidades del centro del $e-t$ es la misma que la que cubre el cascarón de la esfera

---

[2] Densidad a definir matemáticamente.

que se encuentra a mayor longitud del tiempo de dicho centro, pero la densidad de energía del cascarón de $e-t$ en las proximidades de su centro es mayor que la densidad de energía del $e-t$ del cascarón de la esfera que se encuentra en los confines del $e-t$; por lo tanto la velocidad de la luz, no es constante en longitud de tiempo físico real respecto del sistema de referencia absoluto que viene a ser el $e-t$, pero en magnitud, debe ser constante, pero en magnitud debe ser constante porque la densidad de energía es la magnitud del $e-t$, y en las proximidades del centro del $e-t$, la densidad es mayor, por consiguiente el radio o la longitud de tiempo del $e-t$ es menor que la longitud de tiempo del $e-t$ que está alejado del centro del $e-t$, esta densidad hace que cualquier suceso que ocurra en las proximidades del centro del $e-t$ sufra un frenado *"aparente"*, digo aparente porque a priori uno imagina que la sustancia del $e-t$ se encuentra dentro de un espacio y esto no se debe entender de este modo porque no hay otro medio en el cual se encuentra el $e-t$ sino es el $e-t$ el único medio al que hoy se le conoce como vacío o simplemente espacio vacío que en la realidad física es energía pura de tiempo, en el cual ocurren los fenómenos físicos; dicho medio aún no se ha detectado experimentalmente.

Una vez definido lo que es el $e-t$, entonces se puede definir al universo como el conjunto de todo lo observable en nuestro entorno, en otras palabras, es la abierta expansión de energía de tiempo absoluto que nos rodea en el cual están el sol, los planetas, las estrellas y mucha materia cósmica proveniente del tiempo y que se mueven en él y de él, no está excluida la tierra.

De aquí en adelante trataré los principios determinados de la creación, en el cual estos conceptos son desarrollados basándose en la palabra de Dios y creo que deben tener interpretación matemática en el ámbito del principio del pensamiento perfecto o por lo menos en los contornos de este principio, puesto que el fundamento es la palabra infalible de Dios más conocida como la Biblia; es necesario retomar el valor suficiente que tiene como el libro inspirado por Dios y que encierra verdad absoluta, entonces podrá ser una base o fundamento absoluto para proporcionarnos toda la información necesaria para encontrar el punto del origen del universo y poder expresarlo a través de una ecuación matemática que sea capaz de resolver las ambigüedades que aún nos tiene imbuidos en la meditación.

La energía ya sea condensada o energía propiamente dicha, se creó por la palabra de Dios.

Como principio de formación del universo, se tiene que tener presente la acción de la palabra que el Creador pronunció, esta palabra no es una expresión lóbrega que pronto se disipa, todo lo contrario, es poder de Dios suficiente para realizar o materializar el proyecto de la creación (Job 37: 5 y 40: 9) además de este libro, se puede citar también al profeta Samuel (I Samuel 7: 10)... mas Jehová tronó aquel día con gran estruendo ... Estas citas bíblicas respaldan lo que se afirma que el universo fue hecho por la palabra de Jehová el Dios de Israel (Salmos 33: 6) y que las mismas son sustentadas con la palabra de su poder (Hebreos 1:3) es decir las leyes físicas fueron puestas por Él.

Para tener una mejor comprensión de lo que se está diciendo aquí, se debe tener el conocimiento pleno de Dios, se debe reconocer la soberanía, su magnificencia y no así en su composición sustancial, puesto que el ser humano, no tiene el conocimiento necesario sobre la composición sustancial de la energía física que apenas se logra mensurar el rastro que deja cuando hay interacción, cuanto más ¿Cómo podrá entender la esencia de Dios? Él no es un ser de composición material, Dios es Espíritu, de hecho que se manifestó a los hombres tomando forma humana o vistiéndose de carne y para ello podemos citar algunas referencias bíblicas (Génesis 18: 1-2) (Génesis 32: 24-30) además de estos se puede citar de las apariciones a David, a Gedeón, a Balaam, sin que esto signifique que Dios sea un ser humano, pues la misma palabra dice que Dios es espíritu (S. Juan 4: 24) y un espíritu, no tiene carne ni huesos, y en lo que respecta a la sustancia misma de Dios, no se osará en dar descripciones o conceptos equivocados que la biblia no contempla en virtud a que los pensamientos del hombre son limitados y no lo son como los pensamientos de Dios (Isaías 55: 8-9) como ya se dijo en el capítulo anterior, aquí no se intentará inquirir cosas inefables puesto que al hombre que proviene del polvo de la tierra, no le corresponde, es más que suficiente saber y tener la certeza de la existencia de un Creador del universo y que es el Dios de los hijos de Israel, y esto requiere de la fe y la fe proviene por el oír la palabra de

Dios y recibir su Espíritu mientras el hombre esté en vida sobre la faz de la tierra. Además advierte al pueblo de Israel que no vieron ninguna figura de ningún ser u objeto alguno (Deuteronomio 4: 15-16) esto con el propósito de no confinar a Dios en nuestra concepción mental reducida, es necesario tener presente la Omnisciencia, la Omnipotencia y la Omnipresencia de Dios, cualidades de Dios que le hacen único y absoluto ser supremo en todo el universo y fuera de él.

En el libro de Génesis (Génesis 1: 1) dice: En el principio creó Dios los cielos y la tierra. Este versículo encierra todo el universo en una expresión literal determinada y completa que proviene de la palabra emitida por el Creador.

Y si se analiza el primer capítulo de Génesis, se ve que antes de cualquier tipo de energía y materia, fue creado la tierra, entonces se puede ver claramente que la tierra es el ente del universo de mayor edad en comparación con cualquier materia o energía del universo respecto del sistema absoluto, y luego el cielo ($e-t$) y prosiguiendo todo lo demás que se irá describiendo el orden cronológico de su creación.

Y si se prosigue escudriñando las escrituras, el mismo libro de Génesis el capítulo dos, se puede decir lo siguiente: El universo fue creado en seis mil años respecto del sistema absoluto puesto que para Dios un día es como mil años y mil años como un día (II Pedro 3: 8) (Salmos 90: 4) entonces se puede estar seguro del tiempo empleado para llevar a cabo el proyecto de la creación del universo el cual se irá desarrollando como sigue en el orden cronológico como fueron surgiendo.

La tierra

En el tiempo cero del universo, es decir en ausencia de todo tipo de energía, en el cual la densidad de materia es cero y la presencia de algún tipo de energía también es cero , ausencia absoluta de todo y presencia absoluta de Dios, en ese punto[3] Dios emite la palabra ejecutora de la creación, la encargada de generar la materia terrestre (Jeremías 10: 12) (Génesis 1: 2) de un tiempo cero (Romanos 4: 17) en el instante en que Dios emite la palabra en el vacío absoluto (vacío físico lo que significa $e-t$ igual a cero)esta palabra genera el tiempo con densidad energética alta, generando la materia sólida debido al poder de la palabra. Esta palabra origina el primer punto del $e-t$ en forma de materia física, en su mínima unidad, la cual es la partícula elemental de la materia sólida, dando así el inicio a la formación de la materia como componente de de la tierra desde un minúsculo punto finito hasta la formación de la masa total de la tierra (Proverbios 8: 26) este punto es una unidad de espacio-tiempo $e-t$ con densidad de energía sólida y finita y el conjunto de estos puntos $e-t$ materializados, o solidificados y el espacio de tiempo intrínseco existente entre partícula y partícula constituyen la materia de un cuerpo; si un cuerpo es finita, cuantas veces se haga la partición de ella o cada vez que se fragmente, se tiene que alcanzar a

---

[3] Centro de gravedad del universo.

la mínima unidad de ella, sin necesidad de ir al infinito al realizar dicha partición, puesto que la partición tiene contorno finito y como tal exige una partición finita hasta su mínima unidad además de tener contorno finito, es tiempo con densidad energética sólida y para seguir la partición, se debe ya no particionarlo como materia sino se le debe restar o quitar la densidad de energía de tiempo de tal manera que pase hasta la fase de tiempo propio o campo de tiempo . Si bien la palabra generó materia, entonces tras la palabra pronunciada debe existir una función matemática determinada que permita describir el proceso de formación de la materia y la dinámica de esta en función de la palabra como una constante , esto significa que para poder comprender el mecanismo del universo, es necesario desarrollar dicha ecuación matemática dentro del principio del pensamiento perfecto en la cual debe existir una única y absoluta historia no cuántica, es decir la posición y la velocidad de una partícula se pueda determinar de forma absoluta dentro del campo de tiempo propio.

Cuando la palabra crea la materia terrestre en el instante en que esta es pronunciada, es en ese instante en que se crea el tiempo en forma de materia sólida y continua, con espacio de tiempo puro muy pequeño y por un e^{-t} no muy corto, la cual constituye la piedra angular de la tierra sobre la cual están fundadas sus bases (Job 38: 6) pero pasados este e^{-t}, la energía creada por la acción de la palabra, según va alejándose del centro de la tierra , va creando conjunto de partículas elementales entrelazados por un campo de e^{-t} o tiempo intrínseco de cada sustancia, creándose de esta forma los componentes de la tierra en sus diferentes intercapas de la esfera terrestre ; como la energía creada por la palabra es constante y se va alejando progresivamente del centro de la tierra, entonces al formarse la materia se crean diferentes tipos de sustancias con densidades diferentes tanto en el $e-t$ intrínseco como la misma partícula elemental, estas diferencias, son las que crean sustancias diferentes en sus características internas, debido al crecimiento radial terrestre que va aumentando progresivamente el área de la esfera terrestre, llegando a formarse el bloque de la materia sólida seguidamente el agua y la atmósfera, debido a la disminución de la densidad de energía de tiempo, de tal manera que a mayor diámetro terrestre, la densidad va decreciendo cada vez más conforme se vaya disipando la densidad de energía de tiempo que cubre la esfera sólida de la tierra; el $e-t$ intrínseco entre partícula y partícula va aumentando entonces va disminuyendo la formación de tiempo sólido.

La formación de la materia terrestre equivale a un día de tiempo propio radial o mil años de cantidad de tiempo y esto equivale a algunos millones de tiempo solar; este tiempo de formación de la tierra, es el tiempo del $e-t$ propio equivalente a la magnitud de energía de tiempo propio por un día de $e-t$ radial o mil años de energía del tiempo propio. Si bien la palabra generó la materia terrestre, la generó de forma desordenada (caos aparente) (Génesis 1: 2) Y la tierra estaba desordenada y vacía... No significa que esté sumido en el caos y que el Creador no conozca el proceso de formación (Salmos 139: 16) Y en tu libro estaban escritas todas aquellas cosas que fueron luego formadas sin faltar una de ellas. No obstante estaba ordenándolo conforme la palabra se ejecutaba (Proverbios 8: 30) Con Él estaba yo ordenándolo todo… Aunque el proceso es desordenado, esto no es en el sentido caótico desconocido, más bien se debe al hecho que la palabra liberaba energía la que produjo este desorden en el proceso acumulativo de la materia, mas no en la formación propia de la materia; pues Dios no es Dios de confusión sino de paz (I Corintios 14: 33) a su vez podemos recordar que Dios es Omnisciente, es decir todo lo sabe, entonces no existe puntos del universo, ni fuera de él que Dios no tenga conocimiento de ellos (Hebreos 4: 13) puesto que Él es Dios absoluto y fuera de Él no hay otro Dios (Isaías 44: 6-8) y todo lo que se ve fue hecho de lo que no se veía (Hebreos 11: 3)

Hasta este entonces la formación de la materia propiamente conocida que posee partículas elementales formadas de mucha energía está concluida, y la palabra pasa a crear energía pura que no posee masa, estas son llamadas tinieblas, debido a que la intensidad de la energía es decreciente, hace que la densidad de energía sólida descienda y pase a la fase energética que ya no posee masa, formándose las tinieblas sobre la faz del abismo (Génesis 1: 2) esta energía de densidad de masa cero al que Dios lo llamó noche (Génesis 1: 5) debe tener la propiedad de poseer velocidad equivalente a la de la luz dentro del $e-t$ propio, siempre que tengan fuente generadora, pero como hasta este momento de la creación, no existe $e-t$ propio, estas están sobre la faz del abismo o sobre la superficie terrestre. Luego dijo Dios: sea la luz; y fue la luz (Génesis 1: 3) de las tinieblas Dios creó la luz (II Corintios 4: 6) como las tinieblas es energía pura, esto es, no supera la densidad de energía crítica para constituirse partícula masiva, por consiguiente tiene velocidad equivalente a la velocidad de la luz, debido a que su densidad energética es equivalente a la densidad energética de la luz y es a partir de las tinieblas que Dios crea la luz, para ello se necesita suministrar una fuente de luz y de movimiento y es lo que precisamente hace la palabra pronunciada para la creación de la luz (Génesis 1: 3) e inmediatamente la energía de las tinieblas, adquiere velocidad teniendo como fuente la palabra para convertirse en luz, puesto que al recibir energía externa proveniente de la palabra las tinieblas adquiere velocidad, transformándose en luz, pero como no hay $e-t$ propio fuera de la tierra, entonces la luz queda atrapada en la superficie terrestre viajando a través de la atmósfera que en su estructura están formadas por partículas elementales entrelazadas por el $e-t$ intrínseco de ellas, pero la mayor densidad de energía que del $e-t$ propio la cual hace que estos se mantengan unidos a pequeñas distancias, siempre que n o se intervenga enérgicamente para romper dicho enlace.

Con la formación de la luz se cumplen los mil años de tiempo empleado en el proceso de formación de la tierra o que es lo mismo que decir que transcurrió el primer día de la creación del universo, la tierra aún vacía y no habitada por ningún ser viviente; de hecho que el propósito de su existencia se debe al hombre, porque la razón única de la creación del universo es el hombre y es la única razón por lo que la tierra fue materializado como primer paso de la creación, pues su creación no fue en vano, para ser habitada la creó (Isaías 45: 18) el hecho de que la tierra fue creado o materializado primero, n o se debe confundir con el propósito de Dios, pues dice su palabra que el mayor o el primero de toda creación es Jesús, esto, en su constituyente humano (Colosenses 1: 15) puesto que la naturaleza divina de Jesús es el mismo Dios del antiguo testamento, creador del universo, el Jehová de los ejércitos.

La expansión

El segundo día de la creación del segundo milenio, dijo Dios: Haya expansión en medio de las aguas y separe las aguas de las aguas (Génesis 1: 6) y llamó Dios a la expansión Cielos (Génesis 1: 8)

Antes de continuar, se hará un paréntesis en este punto para tratar sobre aspectos que aquí se consideran errores; esto es el comentario que se lee en la Biblia Latinoamérica de la iglesia católica, el cual admite o acepta que el origen del universo se ha dado con el Big bang; se resalta este comentario porque la iglesia católica es la que predomina en el mundo Cristian, por lo cual se considera de mucha importancia resaltar este punto, concerniente a la creación del universo. El comentario es: Si uno entra en esta perspectiva no le es difícil pensar que toda la creación haya sido hecha en el tiempo. El «big bang», si realmente lo hubo, expresa magníficamente el punto de partida del tiempo creado, un tiempo que parte de la eternidad y vuelve a la eternidad (www.sanpablo.es).

Si se continúa revisando, se puede encontrar más información que de hecho no coinciden con la palabra de Dios, la cual es la verdad única y absoluta; en vez de ceñirse a las escrituras Bíblicas, cercados por las teorías científicas que mostraban una verdad aparente, se dejaron llevar al error, lejos de refutar amparados por la verdad Bíblica, a esta verdad aparente que intentaba ensoberbecerse amparados en las leyes desarrollados por el hombre falible. Sin embargo estas leyes no son leyes que rigen la dinámica del universo puesto que tienen como cimiento el principio de incertidumbre sobre el cual están fundados, y la naturaleza no puede estar regida por leyes indeterminadas de ninguna manera.

Otro de los errores que vale la pena resaltar es el comentario sobre el libro de Josué: Entonces Josué habló a Jehová... Sol detente en Gabaón y tú luna, en el valle de Ajalón. Y el sol se detuvo y la luna se paró... (Josué 10: 12-13) El comentario en la Biblia Latinoamérica dice: El sol de Gabaón causó bastante preocupación a los que tomaban al pie de la letra todo lo que encontraban en la Biblia,... unos pensaron que el sol se había detenido en el cielo. Más tarde, cuando se descubrió que la tierra es la que gira en torno al sol, pensaron que la tierra se había detenido en su rotación, pero esto tampoco se puede aceptar: si la tierra se detuviera todo quedaría destruido por efecto de la velocidad. Hay que recalcar que la Biblia aquí cita un libro poético, el libro del Justo...Comentarios de la Biblia Latinoamérica (Página 229)

Lo que debe quedar claro es que la Biblia, no miente, porque es palabra de Dios, toda la escritura es inspirada por Dios (II Timoteo 3: 16) y Dios no es hombre para que mienta ni hijo de hombre para que se arrepienta (Números 23: 19) Tampoco las obras de Dios que relata la Biblia se puede reducir a simples poesías épicas, para justificar lo que la ciencia dice, de ninguna manera, de hecho hay fragmentos en la Biblia que son poemas y poesías propiamente dichas, tales como, El Cantar de los cantares de Salomón y muchos otros capítulos de los Salmos, entre otros; esto no significa que las obras de Dios se deban considerar como simples poesías.

Si la palabra de Dios no miente, y lo sucedido en Gabaón es un hecho real, entonces lo único que queda, es afirmar que en efecto el sol se detuvo en Gabaón y la luna en el valle de Ajalón, esto lleva a afirmar que todo el universo, continente y contenido tuvo que detenerse de tal manera que la ley y leyes de la dinámica del universo se conserven, y así se evite una falla mecánica que provoque una catástrofe universal.

Si en efecto sólo uno de ellos se hubiera detenido, ya sea el sol o la tierra para retardar el transcurso del tiempo relativo, al fin para Dios nada es imposible (S. Lucas 18: 27) pero recordemos que Dios es Dios de paz y no de confusión (I Corintios 14: 33) Dios de equidad y justicia, santo y perfecto, entonces su creación también es perfecta (En el sentido funcional, es decir las leyes que gobierna el universo son determinados) y lo perfecto no puede ser alterado desde el principio del pensamiento científico, donde la lucha es contra el mal.

Retomando el proceso de la creación, al entrar en el segundo milenio de la creación, en la que Dios prosigue con su obra diciendo: Haya expansión en medio de las aguas, y separe las aguas de las aguas (Génesis 1: 6) Y llamó Dios a la expansión Cielos (Génesis 1: 8)

La expansión al que Dios llamó cielos, es el espacio constituido por la energía del tiempo propio con densidad energética que tiene como límite inferior el cero y como límite superior la densidad crítica del tiempo, la cual es el punto donde el $e-t$ pasa a se luz, esto según la energía que se le suministre; el $e-t$ está en expansión es decir en crecimiento permanente por efecto de la palabra creadora y dentro de ella ocurren los fenómenos físicos. Figura 1.

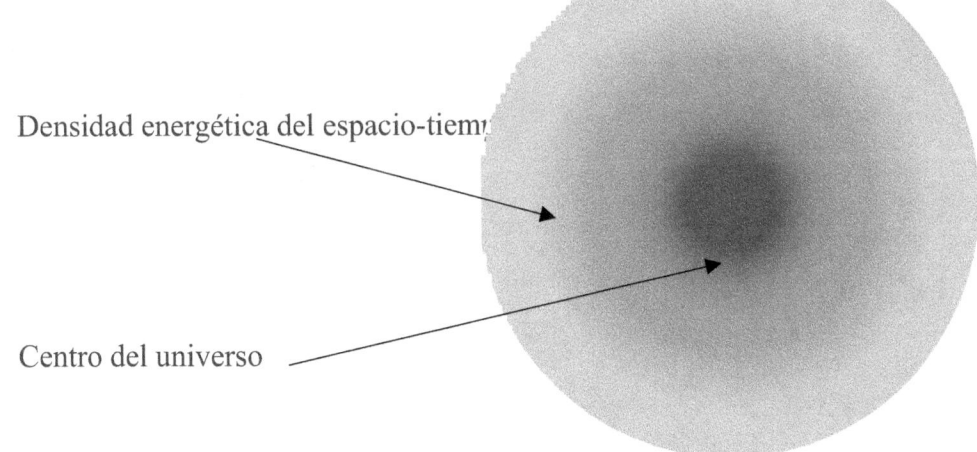

La figura 1, muestra el $e-t$ en expansión el punto centro de la figura, representa el centro del universo.

Figura 1: espacio-tiempo en expansión

tierra, puesto que la tierra a inicios de la creación se encontraba en dicho punto.

A Partir de la palabra, se genera la energía del $e-t$ con densidad variable por efectos de la expansión la cual está representada por el degradado del color en la figura 1. A medida que se aleja del centro, la densidad del $e-t$ va disminuyendo proporcionalmente al radio de la expansión, y continuará hasta la consumación de los tiempos, en otras palabras, hasta que se haya consumido la cantidad de tiempo empleado para la expansión, que es en magnitud, mil años de tiempo propio o algunos millones de años del tiempo solar relativo a la tierra; esto se puede ver en el libro del profeta Isaías, que es un libro profético que está escrito en el presente del tiempo final, en la cual dice: ... Él *extiende* los cielos como una cortina ... (Isaías 40: 22) también Job dice: Él sólo *extiende* los cielos (Job 9: 8) De hecho hay más versículos en la Biblia que hacen mención tales como: Tú *hiciste* los cielos (Nehemías 9: 6) Por la palabra de Dios *fueron* hechos los cielos (Salmos 33: 6) y muchos otros, sin embargo esto no significa que exista contradicción ya que el contexto de cada texto citado, encierra momentos a los que el escritor se refiere, es decir, el texto que está en tiempo pasado describe el momento en que se llevó a cabo la creación y los textos que se refieren al presente del futuro, hacen mención que la palabra sigue en acción ejecutando la expansión del tiempo.

En consecuencia, el universo se encuentra en expansión desde el día en que la palabra fue emitida para tal acción. La densidad de energía del $e-t$ el los contornos del centro del universo, que es un vacío absoluto desde que la tierra dejó dicho punto, en este punto la densidad del $e-t$ es máxima pero no infinita, porque la palabra que generó el $e-t$ provocó la expansión a una distancia temporal equivalente al radio de la tierra, pues la Biblia dice; haya expansión en medio de las aguas, la cual está alejado del centro de la esfera terrestre en posición de ese entonces en el que la tierra estaba en el centro del universo, esto muestra que no existió singularidad alguna en donde la densidad de energía se hiciera infinita y en el contorno de la expansión la densidad energética del $e-t$ es cero, en consecuencia si la densidad es cero, el universo es finito hasta el Apocalipsis que será la consumación total del tiempo empleado para la expansión. Tal es que será un acontecer inminente porque el tiempo determinado para la expansión de los cielos ya está en sus límites de concluir la expansión, ya que la Biblia dice en muchos de sus pasajes que el tiempo ya está cerca, y cumplidos este tiempo determinado el $e-t$ tendrá que ser enrollado como un libro y caerá todo su ejército (Isaías 34: 4), esto sucederá cuando la cantidad de energía del $e-t$ se agote en su completitud entonces ya no habrá energía para generar el $e-t$ propio y como consecuencia de ello el universo tendrá que volver a su estado inicial con una velocidad vertiginosa que sobrepasará la de la expansión porque si ocurre el Apocalipsis no habrá mucho tiempo para que todo sea desecho.

La velocidad de la expansión del $e-t$ debe ser mucho mayor que la velocidad de la luz, el hecho se debe a que su densidad de energía es menor que la de la luz, sin embargo, la velocidad del $e-t$ todavía no ha sido detectada, por la sencilla razón que se ignora su existencia por cuanto no se puede percibir no se considera como un medio físico existente, esto también se debe al hecho de que no hay experimentos que coadyuven su existencia, pero la Biblia dice claramente que Dios creó los cielos, en el cual puso la materia estelar, para que diese luz a la tierra. En consecuencia la velocidad de la luz no sería la máxima sino la velocidad de $e-t$ puesto que la su densidad energética que lo constituye, es más ligero que la densidad de energía de la luz y debido a esto nuestros sentidos no lo pueden captar o detectar, aunque indirectamente se puede percibir su efecto a través del tiempo solar, que conforme transcurre, la materia, se va deteriorando y las células de los seres vivos, se va envejeciendo en el transcurso del $e-t$, ya que el contenido del universo se mueve en el continente por efectos de la fuerza expansiva de la densidad energética más pesada del $e-t$ hacia la densidad cada vez más ligera, expandiéndose juntamente con el $e-t$.

Cuando Dios emite la palabra para la creación del $e-t$, genera con su palabra en medio de las aguas, la expansión de los cielos y que a su vez, separa o divide el agua, de modo que parte de él se queda en la superficie de la tierra y parte de él, asciende con la expansión de los cielos para formar las nubes dentro de la expansión de los cielos, ya que estas partículas de agua, no pueden viajar juntamente con el $e-t$ ya que estas son partículas elementales sólidas conocidas como masa (energía sólida) y estas no pueden viajar a la velocidad del $e-t$

en expansión por ser masa, ya que la velocidad del $e-t$ es la máxima ene el universo debido a su densidad energética que es la más mínima y más ligera de cualquier otra sustancia que pueda existir; entonces el agua que se separó por la fuerza de la palabra que generó la expansión, se quedó en el $e-t$ pasado con respecto al borde de la expansión del $e-t$ que viene a ser el presente instantáteneo, en cuyos puntos no hay transcurso de tiempo ya que es el límite de la esfera del universo que entra en contacto con el vacío absoluto, en la que sólo Dios es el que ocupa este vacío absoluto, para que esto quede claro se dirá que el vacío absoluto es Dios y el universo se desarrolla el Él, porque los cielos, los cielos de los cielos no le pueden contener (I Reyes 8: 27) es más, su mano derecha midió los cielos con el palmo (Isaías 48: 13) Si el universo es pequeño frente a Dios, entonces hay suficiente razón para reafirmar que todo fue constituido por su palabra y la cantidad de energía que existe en el universo, equivale a las creadas por la palabra expresada en la creación; aunque parezca muy grande la energía que hay en el universo entero, no se debe ignorar que Dios es Omnipotente y en su presencia las naciones le son como gota de agua. Él es el Dios que desde el principio me hizo un ser racional y eviterno y por su amor me tiene reservado la corona de vida eterna. Todo este proceso tiene una duración temporal de un día de universo, y fue el segundo día de la creación. Pero, el primer día fue creado la luz a partir de las tinieblas, esta luz estaba confinado en la superficie terrestre porque aún no había cielos o $e-t$; el segundo día de la creación, se inicia con la expansión de los cielos es ahí donde la luz se expande conjuntamente con el $e-t$, pero también va quedándose en el pasado del universo porque su velocidad es menor que la velocidad de la expansión del $e-t$.

El agua que se separó de la tierra, pasó a formar nubes arriba en los cielos, pero no había lluvia aún sino hasta la anegación de la tierra por la lluvia en la época de Noé (Génesis 7) Esta anegación se dio entre los años 2000 a 3000 del tiempo relativo terrestre desde la creación del hombre sobre la tierra, recién a partir de ahí es la lluvia y hasta ese entonces la tierra era regada por un vapor que salía de la tierra (Génesis 2: 6) También forma parte de los constituyentes elementos de la materia estela.

Vegetación

El tercer día de la creación, dijo Dios: Júntense las aguas que están debajo de los cielos en un lugar, y descúbrase lo seco (Génesis 1: 9) Las aguas estaban sobre la faz de toda la tierra y entrados en el tercer día de la creación, Dios ordena que haya lo seco de la tierra puesto que hasta este día la tierra estaba aún cubierto de agua en su totalidad y cuando fue pronunciada la palabra entonces con el poder de su palabra, emergen las montañas los cerros nevados y valles profundos, fundándose la tierra sobre las aguas (Salmos 136: 6) y llamó Dios a lo seco Tierra y a la reunión de las aguas ,Mares (Génesis 1: 10) La formación de los collados, montañas, montañas, valles, generó espacios vacíos en el interior de la tierra, este vacío, es posible que sea el Seol donde el alma de todo hombre que murió esté allí reservados 'para la resurrección en el tiempo del fin del universo (Isaías 14: 15) y (Salmos 16: 10) El tercer milenio de la creación, después de que emerja la tierra por sobre las aguas, la tierra produce las plantas por la palabra de Dios, plantas de todos los géneros y especies (Génesis 1: 11) Aunque el sol, la luna, y las estrellas aún no existen, las plantas ya se crearon sobre la tierra y se sabe que para su existencia, requieren de luz, esto significa que había mucha energía en forma de tinieblas y esta a su vez era la fuente de luz por los tres primeros días de la creación, hasta que se crearon el sol, la luna, y las estrellas y muchos otros cuerpos celestiales, que son fuentes de energía calorífica y luminosa; es esta luz proveniente de las tinieblas las que sirvió para el desarrollo de las plantas hasta que hubo los astros fuentes de luz, las tinieblas dejó de generar luz , como el caso del cese del maná del cielo con el que Israel se alimentó durante los cuarenta años de su peregrinación en el desierto y entrados en la tierra prometida, donde ya probaron sus primeros frutos, cesó el maná del cielo. De hecho, no es que las tinieblas de repente dejaron de generar luz, todo lo contrario debe haber un proceso natural que dé razón lógica a estos fenómenos ocurridos en tiempos primitivos. El tercer milenio de la creación concluye con el desarrollo de las plantas de toda especie y género sobre la faz de la tierra las cuales existen hasta hoy.

Para la creación de montañas, cerros, playas, valles y vegetales, se empleó energía de mil años de tiempo propio. Esto significa que no transcurrió un día o mil años de tiempo relativo terrestre puesto que no hay transcurso de tiempo, esto quiere decir que no hay movimiento o desplazamiento alguno dentro de la expansión del $e-t$ para que se pueda medir el tiempo transcurrido, entonces el tercer día de la creación significa que se hizo uso de energía de tiempo equivalente al de la tierra a oa de la expansión del $e-t$ llamado cielos.

Materia cósmica

En el cuarto día de la creación, se forma todo el ejército de los cielos, el sol, la luna, estrellas y toda la materia cósmica. La formación del conjunto de estrellas, sistemas solares, se crean dentro de la expansión del $e-t$; la palabra crea materia en sus diferentes densidades energéticas, tal como ocurrió cuando fue creado la tierra, sin embargo se debe recordar que el sol, la luna y las estrellas, fueron creadas con el propósito de alumbrar sobre la tierra (Génesis 1: 14-18) entonces algunos cuerpos celestes, aquellos que son fuente de luz, están sustentados por la palabra de Dios, les puso ley y esta, no será quebrantada (Salmos 148: 6) y le temerán mientras duren los cielos (Salmos 72: 5)

Del tiempo cero, hasta el cuarto día, esto es, hasta la creación del contenido del universo; la tierra permanece en el centro del universo, como la fuerza generadora de la expansión se dio en la tierra en dirección radial, no sufrió ninguna perturbación porque la expansión se dio a una distancia de $e-t$ mayor que el radio terrestre de ese entonces, excepto la separación de las aguas, ya que la expansión se dio en medio de las aguas, dos días antes de la creación de la materia cósmica, cuando se formó la materia cósmica, es decir; el sol. la luna, las estrellas y todo el contenido del universo, estos por la relatividad de Einstein, que dice que la sola presencia de masa en el medio, comba la sustancia del $e-t$ en torno de sí mismo generando una perturbación del medio que rodea dicha masa, esta combadura del $e-t$ es la que genera o provoca el movimiento orbital de los planetas y de los sistemas solares y de todo el contenido del universo en torno al cuerpo de mayor masa, puesto que la combadura del $e-t$ es directamente proporcional a la masa del cuerpo que lo comba; por efectos de esta combadura, la tierra deja el centro del universo para moverse por el $e-t$ siendo parte de un sistema solar que sel que hoy nos desarrollamos, así como todos los cuerpos celestes desde su formación, dentro del $e-t$, en un punto del $e-t$ determinado, por el campo combado debido a la presencia de una masa, todos los cuerpos cósmicos se reordenan (Proverbios 8: 30) y conforme aumentaban su diámetro, permanecieron fijas a la misma distancia de $e-t$ con respecto a otros cuerpos celestes de su entorno, pero una vez en movimiento, por el efecto de la dilatación del $e-t$ que a su vez actúa como una fuerza que provoca el movimiento expansivo por el efecto de la diferencia de densidades energéticas, del medio. Como se puede observar, la constante de la creación, es la palabra emitida por Dios, pero esta palabra como dije al principio, no es una palabra melancólica, es más bien, palabras que permanecen para siempre (S. Mateo 24: 35) la cual generó todo el universo y la materia que en ella existe. La palabra que es la constante, genera materia con diferentes densidades energéticas y es necesario analizar matemáticamente todo este proceso de formación del universo, teniendo como constante la palabra y determinar a partir de ella la ley física determinada y absoluta, puesto que el universo es hechura de Dios y se sabe que todo lo hizo perfecto, y lo perfecto exige leyes físicas perfectas; entonces a partir de esta condición suficiente, se debe busca la ley física que gobierna el universo y de hecho esta ley existe desde el momento que es emitida la palabra , esto significa que detrás de la palabra creadora del universo, existe una ley física que Dios estableció, o dicho de otra forma; la palabra es la ley que rige y esta ley debe ser universal, esto es; tiene que regir desde el mecanismo de la partícula elemental, hasta el mecanismo de las galaxias, y estas deben ser expresadas matemáticamente. Creo que es probable a partir de la determinación absoluta, buscar esta ley o leyes físicas. De hecho que las matemáticas exactas deben de modificar alguna de estas afirmaciones, en el sentido correctivo para poder arribar a la verdad misma en su esencia y en cada instante de la creación, puesto que el principio determinado parte del libro que contiene la información absoluta de la verdad, y el propósito de este principio es descifrar o interpretar analíticamente a través de las matemáticas el proceso de la creación. No se quiere crear leyes físicas partiendo de esta hipótesis o basándose en la observación, lo que se busca es descubrir o encontrar lo que ya está establecido por la palabra de Dios : partiendo entonces de la palabra y dejando de lado la experimentación, puesto que se corre el riesgo que conduzca a un resultado erróneo, y esto se quiere evitar por lo menos hasta que se culmine el desarrollo del principio del pensamiento científico, en el cual está presente inevitablemente las constantes variables de él bien y el mal; en consecuencia es necesario estar sumergidos en el principio del pensamiento perfecto el cual está libre de constantes del principio científico y con absoluta seguridad conducirá a lo se busca.

Hasta el momento, se tiene un continente de universo en expansión y un contenido estático que no entra aún en movimiento, entonces habrá que darle movimiento al contenido de modo que se cumpla lo dicho en la palabra de Dios donde Pablo dice a los Hebreos, ... Aún una vez, indica la remoción de las cosas **movibles**, como cosas hechas, para que queden las inconmovibles (nueva Jerusalén) (Hebreos 12: 27) bajo la palabra de Dios, todo el universo está en movimiento y que a continuación, se describe.

Está claro que el continente del universo es el $e-t$, desde el segundo día en que fue creado, antes de la existencia de cualquier tipo de materia en el universo (Se exceptúa la tierra) está en movimiento radial expansivo; los cuerpos celestes ya se crean en el cuarto día de la creación, los cuales por efectos de la fuerza expansiva del continente del universo, entran en movimiento en la misma dirección de la expansión; para entender mejor, se partirá desde el movimiento de una partícula elemental de un cuerpo, para ello se dirá lo siguiente: La expansión de los cielos, o del $e-t$ se da únicamente en tres dimensiones, esto obliga a decir que la realidad física, no permite espacios absolutos de una, dos, o más de tres dimensiones propiamente dichos, a pesar que las matemáticas consideren espacios de n-dimensiones consistentes, sin embargo para describir fenómenos físicos que ocurren únicamente en el e - t tridimensional, con el propósito de entender con mayor claridad, se usará los espacios ideales o matemáticos menores a tres dimensiones, tales como, la recta y el plano, pero debe quedar claro que se pueden usar más de tres espacios ideales con el fin de entender los eventos físicos que ocurren en el espacio de tiempo tridimensional.

La dirección del movimiento del e - t es radial y su magnitud es creciente a medida que va disminuyendo la densidad energética del e - t.

Cuando la materia es creada, cada sustancia en particular, en su estructura interna o elemental, tiene un e - t intrínseco a ellas, en consecuencia, no falta ni sobra energía que puedan generar un campo de energía atractiva o repulsiva cuyas fuerzas provoquen movimiento alguno, siempre que no sean perturbadas por otro agente externo, esto significa que la sola presencia de masa, en el e - t no genera ningún tipo de fuerza para que provoque algún efecto de movimiento de otro cuerpo celeste respecto a ella, pero sí la sumatoria de interacciones de las partículas elementales provocados por algún agente externo, generan un campo total de energía entrante y saliente concentrados en las regiones de su entorno, no obstante la sola presencia de masa, sí modifica el e - t de su contorno por efecto de la diferencia de densidad energética que tiene respecto del medio; esto significa que un cuerpo sólido tiene densidad energética mucho mayor que la densidad energética del medio, esta diferencia, es la que comba en torno a él al e - t de su entorno; entonces surge quizá la pregunta ¿Por qué la tierra está en movimiento en torno al sol? Hasta aquí se sabe que el e - t está en movimiento expansivo, entonces en el instante en que se crea la materia cósmica en puntos determinados de la expansión los que hoy constituyen estrellas, planetas, paralelamente se van formando, entran en movimiento expansivo en la dirección de la expansión como se puede ver en la figura 2.

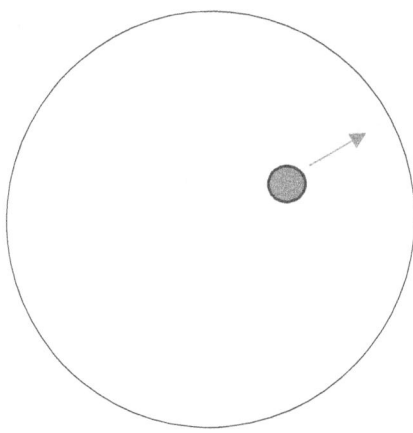

Figura 2: partícula en movimiento dentro del continente del universo

Considérese primeramente una sola partícula sumergido en el e - t expansivo, desde su posición inicial en la que fue ubicada no al azar, más bien para y por un propósito; esta partícula mientras no haya agente que provoque su movimiento, permanecerá en el mismo punto sin movimiento, en consecuencia, no habrá transcurso de tiempo para esta partícula puesto que permanece en el mismo punto del $e-t$ y si se considera a dicha partícula minúscula frente a la diferencia de densidad del $e-t$, entonces sea que se le perturbe en cualquier dirección, este se moverá en línea recta porque no sufrirá ningún cambio de densidad del $e-t$, peor el hecho de que se movió, genera un cambio o transcurso de tiempo, siempre que no se mueva en la finita corteza de la esfera de radio constante respecto al centro del universo en cuyos puntos el tiempo es constante; pero si se mueve de tal manera que se desplaza entrando o saliendo al centro del universo, habrá transcurso de tiempo indefectiblemente, esto significa que la partícula se desplazó de un punto del $e-t$ o otro punto del $e-t$ provocando un transcurso de tiempo, Pero si no hay fuerza externa, la partícula permanecerá en el mismo punto; entonces añádase otra partícula al medio, tal que esté cerca de la primera partícula y esta tenga mayor masa respecto del primero, figura 3.

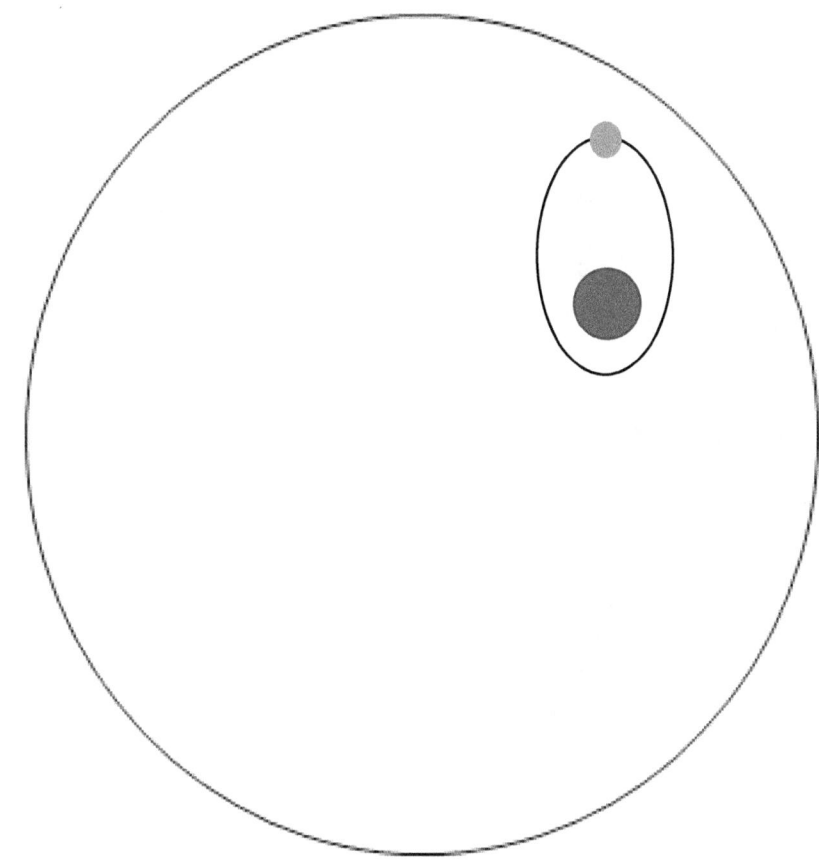

Figura 3: partícula azul, orbitando en torno a la partícula marrón

La primera partícula por principio físico, habrá desalojado la sustancia del $e-t$ del punto donde se localiza de modo que lo comprimió según su masa relativamente en su entorno; del mismo modo la segunda partícula desalojará el $e-t$ para ocupar dicha región del $e-t$ y combará el $e-t$ en su entorno; y si a propósito se puso muy cerca de la otra partícula, entonces por el campo combado que provoca la presencia de masa de cada partícula, se reordenarán, ubicándose a una distancia de $e-t$ que se corresponda (tiempo intrínseco) esto ocurre por la intensidad de campo direccionado , provocado por la presencia de masas de estos cuerpos (todo campo es saliente) de modo que la partícula de mayor masa, comba con mayor intensidad el $e-t$ provocando un movimiento orbital circular en torno a él de la particula de menor masa; si se considera la diferencia de densidad energética del $e-t$, entonces la velocidad ya no sería circular sino sería elíptica y expansiva, saliendo hacia afuera respecto del centro del universo en la dirección del movimiento del $e-t$, a su vez se moverá girando sobre su 'propio eje por efecto de la forma esférica de la combadura del $e-t$, como sucedería con una canica ubicada sobre la parte exterior de un globo que se está inflando, a medida que se va inflando, el globo comienza a ensancharse, paralelamente con este ensanchamiento, la canica comenzará a moverse juntamente con el globo, a su vez este comenzará a rodar sobre el globo originándose el movimiento de la canica sobre su eje. Ocurre lo mismo con la partícula que está en el $e-t$, su movimiento es de alejamiento con respecto al centro del universo y debe describir un desplazamiento espiral logarítmica que es provocado por la disminución de la densidad energética del $e-t$ y esto a medida que va creciendo la esfer del $e-t$; entonces para un observador que se encuentra fuera del $e-t$, la partícula se va alejando cada vez más rápido que de lo que hacía estando más cerca del centro del universo, pero para un observador que se encuentra dentro del $e-t$, la velocidad de la partícula, será constante e invariante, esto ocurre porque el observador que está dentro del $e-t$, se ve afectado inevitablemente por el $e-t$, en consecuencia, si se efectúa mediciones se encontrará que la magnitud de la velocidad de la partícula será constante en diferentes tramos del $e-t$ con densidades energéticas diferentes, pero habrá recorrido distancias de $e-t$ diferentes a velocidad constante.

La partícula de masa azul, que está orbitando en torno de la partícula marrón, por efecto del campo $e-t$ combado y direccionado por la presencia de masa en el $e-t$, debería describir, desplazamiento rectilíneo y creciente, como la partícula marrón, pero como depende en absoluto de la condición inicial de su localización con respecto a la 'partícula marrón, no puede alejarse o acercarse a la partícula marrón, deberá mantenerse a la misma distancia de $e-t$ inicial que viene a ser el $e-t$ intrínseco entre cada partícula, siempre que ninguna fuerza externa intervenga en la modificación de su estado inicial; en consecuencia, describirá una trayectoria elíptica relativa en torno a dicha partícula y una trayectoria espiral logarítmica expansiva en torno a la primera partícula, pero respecto al $e-t$, absoluto y por la diferencia de densidades energéticas de $e-t$, la partícula de mayor masa, estará situado en el foco más cercano al centro del universo, esto por la variabilidad de la densidad de $e-t$.

Generalizando este principio para el movimiento de planetas, sistemas solares, todos estos describen la misma trayectoria que describen estas partículas elementales a diferencia de que las partículas elementales, describirán trayectorias circulares ya que se puede despreciar la variación del $e-t$ intrínseco entre cada partícula elemental, esto dependerá mucho de la densidad energética de cada partícula elemental y del $e-t$ intrínseco a ellos, de modo que el movimiento que realicen será desde el sólo giro sobre su 'propio eje, hasta describir trayectorias elípticas al igual que los planetas, y los sistemas solares, entre otros, todos deben alejarse en línea recta en torno al centro del universo, pero como dependen en lo absoluto de la condición inicial de su posición, con respecto al otro cuerpo celeste que modifica el $e-t$, entonces describirán una trayectoria elíptica en torno a dicho cuerpo celeste como en la figura antes mostrada.

El movimiento de los planetas, sistemas solares y otros sistema, galaxias; no todos se moverán en un solo sentido en torno al centro del universo puesto que dependen en absoluto de la posición inicial en la que fueron ubicados en el momento de su formación, algunos tendrán en sentido anti horario y otros en el sentido horario, pero todos describirán trayectorias espirales crecientes o de alejamiento respecto del centro del universo.

El cuarto día de la creación, se forma toda la materia cósmica del ejército de los cielos, y que hoy se observa en la abierta expansión de los cielos, los cuales están puestas allí para cumplir el propósito de la creación que es la de alumbrar sobre la tierra y servir de señal para el transcurso del $e-t$ en el univers. En consecuencia, la formación de nuestro universo dinámico, está concluida después de cuatro días desde la formación del primer componente del universo que es la tierra. Sin embargo, no hay ser viviente alguno que posea vida o espíritu de vida, salvo las plantas consideradas como seres vivientes, pero desde la creación, no son seres vivos como tal; por lo tanto los primeros cuatro mil años, concluye la creación de todo ser inanimado y se entra en la era de la creación de los seres vivos y esto corresponde al quinto día de la creación.

seres vivientes

Dijo Dios: Produzcan las aguas seres vivientes, y aves que vuelen sobre la tierra, en la abierta expansión de los cielos (Génesis 1: 20) El quinto milenio, etapa de la vida, todo ser viviente se crea en el agua y del agua, y dentro de esta creación muestra la Biblia, la creación de los grandes monstruos marinos (Génesis 1: 21), las aves de los cielos y toda clase de especies y géneros de vida acuática. Cuando Jehová habló con Job (Job capítulos 40 y 41) le describe la grandeza del leviatán, del cual dice que nadie puede hacerle frente, ni todo el Jordán que se estrellara contra él le puede hacer daño alguno, aún las armas le son como paja , por cuanto es animal hecho exento de temor; sin embargo, en esta generación, ya no existen estos monstruos marinos y es probable que se hayan extinguido en la anegación de la tierra en la época de Noé, en la cual toda la tierra fue cubierta por agua durante ciento cincuenta días (Génesis 8: 3) o en la división de la tierra que ocurrió después del diluvio en la época de Peleg, descendiente de los hijos de Noé, del que también hace referencia la Biblia en el Salmos 74: 13, en el cual reconoce el salmista que Dios dividió el mar con su poder y que quebrantó las cabezas de los monstruos en las aguas. En efecto, lo que se puede afirmar, es la existencia de estos seres en tiempos pasados, pero no así la época ni las razones de su extinción, hubiera sido de suma importancia conocer con vida, porque Dios le dice a Job, que el leviatán, es el principio de los caminos de Dios (Job 40: 19), dando a entender que daba señales de la grandeza del Creador, no obstante se tiene el universo absoluto que describe los contornos de los caminos de Jehová, que anuncian la magnificencia de su Creador.

Este milenio, concluye con el desarrollo de los seres vivos en las aguas, aún la tierra no alberga vida, está deshabitada no hay ser viviente alguno sobre la faz de la tierra.

El hombre sobre la tierra

El sexto día de la creación, dijo Dios: Produzca la tierra seres vivientes según su género, bestias y serpientes y animales de la tierra, según especie. Y fue así (Génesis 1: 24) Del polvo de la tierra se formaron toda clase de animales, bestias de diferentes especies, los cuales fueron bendecidos por Dios para que se reprodujeran y fueran fructíferos sobre la faz de la tierra.

Después dijo Dios: Hagamos al hombre a nuestra imagen, conforme a nuestra semejanza… (Génesis 1: 26) Y creó Dios al hombre a su imagen, a imagen de Dios lo creó; varón y hembra los creó (Génesis 1: 27) El hombre es el último de la obra creadora de Dios, como se dijo en el primer capítulo, el hombre fue creado perfecto en completitud de la palabra, para que señorease sobre todo lo que fue creado en la tierra, fue hecho del polvo de la tierra y le dio aliento de vida la que es nuestra alma y es precisamente el alma lo que nos hace semejantes a Dios; seres pensantes y sintientes; esto es seres con emociones racionales y con inteligencia proveniente de Dios, que recibimos a través de nuestro espíritu que se comunica con Dios, por cuanto el alma es el que tiene necesidad del Espíritu de Dios, entonces, el sexto milenio de la creación, es el fin de la creación de todo el universo, desde ese entonces el universo entra en completo funcionamiento, regido por un aley física perfecta y completa que lo guía por el camino determinado en la expansión de los cielos hasta que llegue el día de su desintegración en el tiempo determinado por el Creador., y este día o momento determinado, viene a ser el fin de los tiempos, la consumación de lo existente.

El día de reposo

El sexto día, es terminada la creación del universo, esto concluye con la creación del hombre sobre la tierra, colmado de bendición, vio Dios que la obra que realizó era bueno en gran manera, los bendijo para que sean fructíferos en la tierra, entonces, reposó Dios el día séptimo de toda la obra que había hecho. Pasados algún tiempo, el usurpador del reino del universo, el que tiene la llave del principio del pensamiento científico, entra en contacto con el hombre, para engañar y destruir los propósitos de la creación de Dios, puesto que había sido condenado por siempre al lago de fuego por haberse rebelado contra Dios, en cuya presencia no podrá estar después de la consumación de los siglos y como conocedor de su situación en el fin de los siglos, se impuso sobre el hombre a fin de no ser el único sentenciado al sufrimiento eterno por su desobediencia, incitó al hombre al pecado, a la desobediencia al mandato de Dios, la cual era que no debiera comer del fruto del árbol de la ciencia del bien y del mal, ya que si lo hacía, debía morir irremisiblemente y Luz Bel, conocedor de este mandamiento que Dios dio al hombre, lo puso en prueba y que el hombre no resistió, por tanto cayó en las manos del asolador en cuyo poder se encuentra el universo entero hasta la consumación de los tiempos.

El Apocalipsis

En el proyecto de Dios, no hay probabilidad alguna, esto significa que el destino pasado, presente y futuro del universo, en todas sus formas, está determinado; Él conoció el pasado, conoce el presente y sabe del futuro del universo, puesto que Él no requiere de $e-t$ para su existencia, es más, en Él está el universo, establecido hasta su último confín del futuro determinado, Él es el observador que está situado al mismo tiempo, dentro y fuera del universo, entonces con respecto a Dios, todo está determinado; lo que más debe importar o tener mayor relevancia al hombre, es su propia vida, a más de lo que le ocurrirá a l universo entero, pues pase lo que pase con el universo, el hombre como producto de la creación de Dios, es un ser inmortal, desde que es sobre la faz de la tierra, cada uno de nosotros, jamás moriremos como espíritu que somos, aunque el cuerpo al tiempo determinado descanse en la tumba, el alma que es la vida del hombre, estará por siempre con vida, conforme somos en esta tierra, con los mismos sentimientos resucitaremos, en el tiempo señalado cuando el Creador del universo vuelva otra vez al mundo para pedir cuenta a cada ser humano, por cuanto somos hechura suyo, se nos pedirá cuentas de la obra que hicimos en esta tierra, y el propósito del hombre sobre la tierra, es obedecer a su Creador como ordena la palabra de Dios, y ay de aquel hombre que no obedeció la palabra de Dios, pues será condenado al sufrimiento eterno aquel día cuando la palabra o fuente de $e-t$ haya cesado de generar el $e-t$; entonces los cielos serán enrollados como un libro y los ejércitos de los cielos serán castigados arriba en los cielos (Isaías 34: 4-5) y las estrellas caerán a la tierra, por cuanto era el centro del universo, en cuanto no haya más generador de $e-t$, no existirá fuerza alguna que dé movimiento expansivo a los cuerpos celestes, entonces, todos volverán al estado inicial en dirección radial hacia el centro del universo y la trayectoria de retorno espiral logarítmica puesto que ya no hay fuerza d expansión ni de contracción, en consecuencia, los cuerpos celestes, describirán trayectorias radiales en dirección al centro del universo, por cuanto la interacción de la fuente es instantáneo en todos los puntos del universo por cuanto es densidad continua que es un medio de transmisión instantánea del suceso del $e-t$, pero los hombres que obedecieron la palabra de Dios, serán coronados con la vida eterna y cuyo gozo será el la nueva Jerusalén en la presencia de Dios, en el universo inamovible que el apóstol Pablo vio y es de ello que él se gloriaba, pues todo lo que era del mundo, las riquezas, y los deleites, los consideraba como basura, esto muestra que nada de esta tierra es comparable con lo que nos espera en la patria celestial a los hombres que guardan la palabra de

Dios y las cumplen en sus vidas, aguardando fielmente la promesa venidera, verídica e inefable son las que recibiremos en la consumación de los tiempos.

CONCLUSIÓN

> *No hay fin de hacer muchos libros y el mucho estudio es fatiga de la carne*
>
> *Eclesiastés 12: 12*

Por sobre todo lo dicho en este texto, está la seguridad de que el universo es creación de Dios y no hay resquicio para ningún tipo de duda. El salmista David dice: los cielos cuentan la grandeza de tus manos y Pablo afirma haber visto cosas que ojo no vio ni oído lo oyó, en el tercer cielo a donde fue llevado ; cosas inefables son las que nos esperan en la patria celestial, el cual es el universo en la que el principio del pensamiento científico , no tiene parte en él todos los redimidos por la sangre del cordero, seremos restaurados al principio del pensamiento perfecto, no habrá más incertidumbre ni probabilidades, todos tendremos la absoluta seguridad de que la vida de gozo eterno, nada ni nadie nos la podrá arrebatar como hoy lo hace el poder del mal que impera en las regiones celestes.

Es cierto que el principio de determinación absoluta, no tiene respaldo matemático que le puede dar sustento científico necesario, pero lo último que se pierde es la esperanza, y se tiene la esperanza que sí lo tendrá en un tiempo determinado. Este texto es el comienzo de una nueva propuesta científica que se emprendió, sin antes contar con el respaldo experimental, pues se trata de entender el proceso de formación del universo a través de la palabra y luego llevarlo a una experimentación científica que satisfaga las leyes determinadas establecidas por el Creador; como se dijo en la introducción, nada de lo que existe escapa del conocimiento de Dios, todo está bajo control absoluto, la vida de cada hombre está determinado, se reitera; ay de aquel hombre cuyo nombre no está inscrito en el libro de la vida, pues mejor le hubiera sido no nacer o haber partido a la eternidad estando en estado inocente, y dichosos todos aquellos cuyos nombres se encuentren en el libro de la vida, pues vivirán eternamente llenos de gozo y alegría en la presencia de Dios, y el que está lejos de los preceptos de Dios, aún está a tiempo de buscar la salvación de su vida; por cuanto todos pecaron y están destituidos de la gloria de Dios (Romanos 3: 23) más por la muerte de Jesús en la cruz del calvario, somos constituidos hijos del Altísimo, todos los que luchamos con Dios y los hombres y vencimos, somos hechos vencedores, por lo cual Dios nos dio la vida eterna; en consecuencia, todo hombre está puesto entre dos caminos, y cada uno elige el camino que quiere seguir, por ende, cada uno es responsable de sus actos. La determinación, no significa que Dios haya trazado el destino del hombre de forma arbitraria , más bien Dios ya conocía desde el principio el camino que cada hombre ha de recorrer, por cuanto el hombre es un ser racional, le dio el libre albedrío y conoce el entrar y salir de los hombres y eso es lo que determina el destino de cada hombre, muchos de los que han de ser salvos, todavía como Saulo de Tarso, están persiguiendo a las iglesias de Dios hasta el tiempo determinado, y serán convertidos y llamados hijos de Dios y serán instrumentos de suyo, y muchos que están congregados en la grey de Dios, terminarán el camino de sus vidas volviéndose al pecado, solamente los que perseveran hasta el fin o hasta el último instante de sus vida, serán salvos; pues por gracia sois salvos y la gracia demanda creer en la gracia. En conclusión este texto tiene como uno de los propósitos, concientizar al lector; ud, debe reflexionar sobre sí mismo, teniendo en cuenta que como ser pensante, amigo lector estás y estamos predestinados a nunca dejar de ser o existir, ruego pues a Dios, te de entendimiento para que puedas proceder al arrepentimiento y ser parte de la caravana de los redimidos.

Dios guíe su camino.

Contenido

INTRODUCCIÓN 8
CAPÍTULO 1 12
EL PRINCIPIO DEL PENSAMIENTO 12
   ¿Quién es Dios? 15
   Mente humana 22
CAPÍTULO II 40
EL UNIVERSO ABSOLUTO 40
   Espacio-tiempo 41
   La tierra 51
   La expansión 56
   Vegetación 64
   Materia cósmica 66
   seres vivientes 77
   El hombre sobre la tierra 78
   El día de reposo 79
   El Apocalipsis 80
CONCLUSIÓN 82
Eclesiastés 12: 12 82
Bibliografía 87

Bibliografía

Hawking, S. (2002). *Agujeros Negros.* Chile.

Hawking, S. (n.d.). *HISTORIA DEL.*

www.sanpablo.es. (n.d.). *Biblia Latinoamérica.* Retrieved from https://www.sanpablo.es/biblia-latinoamericana: https://www.sanpablo.es/biblia-latinoamericana

www.ingramcontent.com/pod-product-compliance
Lightning Source LLC
Chambersburg PA
CBHW072032230526
45466CB00020B/1754

www.ingramcontent.com/pod-product-compliance
Lightning Source LLC
Chambersburg PA
CBHW072031230526
45466CB00020B/1346